环境艺术设计丛书

居住空间设计

叶森　王宇　主编

Environmental
Art
Design

化学工业出版社

·北京·

本书将理论知识与实际应用相结合，共分为六章，结合大量的图例详细介绍了居住空间的基本概念和设计内容，居住空间的设计程序和设计方法，居住空间组织与界面处理，居住空间的设计要素，居住空间的家具、陈设品与绿化设计，并通过案例讲解了如何设计图纸。内容深入浅出、实用性较强。每章还设置了合理而有针对性的练习题，以训练读者的设计思维和能力。

　　本书适用于环境艺术设计、建筑设计及相关专业的师生和从业者，同时也适用于对居住空间设计有兴趣的读者。

图书在版编目（CIP）数据

　　居住空间设计/叶森，王宇主编． —北京：化学
工业出版社，2017.6（2024.8重印）
　　（环境艺术设计丛书）
　　ISBN 978-7-122-29503-3

　　Ⅰ．①居⋯　Ⅱ．①叶⋯②王⋯　Ⅲ．①住宅－室内
装饰设计　Ⅳ．①TU241

　　中国版本图书馆CIP数据核字（2017）第081520号

责任编辑：李彦玲　　　　　　　　　　　文字编辑：张　阳
责任校对：宋　玮　　　　　　　　　　　装帧设计：尹琳琳

出版发行：化学工业出版社（北京市东城区青年湖南街13号　邮政编码100011）
印　　装：涿州市般润文化传播有限公司
787mm×1092mm　1/16　印张10　字数218千字　2024年8月北京第1版第3次印刷

购书咨询：010-64518888　　　　　　　　售后服务：010-64518899
网　　址：http://www.cip.com.cn
凡购买本书，如有缺损质量问题，本社销售中心负责调换。

定　　价：49.00元

居住空间设计
Residential space design

前言
PREFACE

居住空间设计涉及艺术和科学两大领域，是对诸多学科知识的综合运用，因此其教学材料应具有系统性、全面性、实用性的特点。基于培养优秀设计人才的目的，本书立足于实际教学，着眼于行业发展，不仅详尽介绍了居住空间设计相关的理论知识，更加强调实践的重要性，应用大量实际案例展示居住空间设计的各个要素、设计方法和设计效果，理论结合实践的方式，让读者可以直观、系统、快速地了解掌握居住空间设计的相关知识和设计方法。

全书共分为六章，相关内容简介如下。

第一章为基础理论，主要介绍居住空间的概念和内容，居住空间的历史、功能、设计风格、设计原则及发展趋势。

第二章介绍了居住空间的设计程序和设计方法，包括计划、设计方案、执行、验收四个设计阶段，以及图解分析的思维方式、图解方法种类、图解方式的意义等设计方法。

第三章介绍了居住空间组织与界面处理的方法，包括居住空间组织的概念、功能和类型；空间序列的过程和设计手法；居住空间界面的作用、基本要求、功能特点、设计原则，以及界面装饰材料的选用和界面设计的应用方法等。

第四章介绍了居住空间的设计要素，包括介绍不同类型空间中的光环境、照明设计的基本原则与照明方式；居住空间色彩的要求、设计原则和运用方法；材料与肌理的分类与选用原则和运用方法。

第五章介绍了居住空间的家具、陈设品与绿化设计，包括家具在室内空间环境中的作用、分类、选用和组织原则；陈设软装饰设计的种类、作用和布置形式；居室绿化设计的概念、作用、运用的基本原则、设计的布局形式、绿饰配置的注意事项等内容。

第六章介绍了实际项目设计案例的完成图纸，包括平面图纸、立面图纸、效果表现类图纸及完整设计案例。

本书由辽宁师范大学叶森和沈阳工学院王宇担任主编，大连医科大学赵阳、大连工业大学宋一参编。其中叶森编写第一章至第三章，王宇编写第四章至第六章，赵阳与宋一为本书提供了优秀的学生作品设计案例。本书得到了很多同行及学生的大力支持，他们为本书提供了大量的图纸和素材，同时本书引用了当今知名设计师的作品及资料。在此一并表示感谢。

本书由于涵盖范围较大，不完善之处在所难免，希望相关专家和广大读者提出宝贵意见，以对居住空间设计的发展起到积极的作用，为读者们带来更多帮助。

编　者

2017 年 5 月

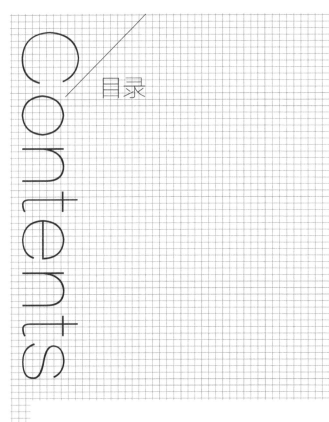

Contents

目录

Chapter 1
第一章
居住空间认知

Chapter 2
第二章
如何开始设计

Chapter 3
第三章
居住空间组织与界面
处理

Chapter 4
第四章
居住空间的设计要素

Chapter 5
第五章
居住空间的家具、陈设品与绿化设计

Chapter 6
第六章
完整图纸设计

参考文献

居住空间设计
Residential space design

Chapter 1

第一章　居住空间
认知

居住空间以家庭为背景，以环境为依托，综合了人居行为的一切生活理念。随着生活的丰富多彩，现代居住空间的形式也各种各样，人们对于居住空间的要求也不仅仅停留在原来的物质层面，而是更注重追求一种安全、舒适和温馨的家居环境，"家"的概念已经融入了更多的精神要求及内涵（图1-1、图1-2）。

> 图1-1　居住空间（1）

> 图1-2　居住空间（2）

第一节　居住空间的概念与内容

一、居住空间的概念

居住空间是以家庭为对象、以居住活动为中心的建筑环境。想要理解居住空间设计，首先必须对室内设计有一定的了解。室内设计是根据建筑和建筑所提供的环境，综合运用物质技术手段对室内空间进行组织和利用，创造出满足并引领人们在生产、生活中物质和精神需要的室内环境。它包括空间规划环境、视觉环境、声光热等物理环境、心理环境等许多方面，从建筑设计的类通性上划分，可分为居住建筑室内设计、公共建筑室内设计、工业建筑室内设计和农业建筑室内设计四类；根据使用范围分，可分为人居环境设计和公共空间设计；按照空间使用功能分，可分为居住室内空间设计、商业室内空间设计、办公室内空间设计、旅游空间设计等。

作为室内设计的一个领域，居住空间设计对象以各类住宅为主，如别墅式住宅、院落式住宅、集合式住宅、集体宿舍等，主要研究人们在居住使用中室内空间环境的组织和利用。居住空间设计具有室内设计的一般规律性，同时也有自身的一些特点：空间小而功能多；独特性、经济性、合理化、实用性和舒适度要求高。居住空间比公共空间更贴近人们的生活，人们的起居饮食与待客娱乐尽在其中。据统计，人的一生中，有一半以上的时间是在居住空间里度过的，随着人们生活水平的不断提高，对于居住空间设计的要求也越来越高。

二、居住空间设计的内容

居住空间，作为人类生活的大本营，应为人们提供一个安全、健康的栖息之地。由于人们所处的环境、社会、经济条件决定的价值观念以及审美要求的不同，其社会模式以及生活方式存在着很大差异。因此，居住空间设计的内容千变万化、异彩纷呈，可以概括为以下几个方面。

（一）空间组织

居住空间是由多个不同空间组成的，每个空间存在不同的功能区域，每个功能区域需要有与之相适应的功能来满足人们在室内的需求。一个完整的居住空间，其功能就是能让人在其进行较高质量的休息睡眠、学习工作、待客娱乐、下厨进餐、洗漱卫浴等不同的活动。

设计师通过调整空间的形状、大小、比例，决定空间开敞与封闭的程度，在实体空间中进行空间的再分隔，解决多个空间组合过程中出现的衔接、过渡、统一、对比、序列等问题，从而有效地利用空间，满足人们的物质和精神需求。

（二）界面处理

居室界面处理就是对合成居住空间的地面、墙面、隔断、天花进行处理。其处理既有功能和技术上的要求，又有造型和美学上的要求。同时界面处理还需要与居住空间内的设备、设施密切配合，如界面与灯具的设置、界面与电器设备的设置等。

（三）居住物理环境设计

在居住空间中，要充分考虑室内良好的采光、照明、通风和音质等方面的处理，并充分协调室内环境、水电等设备的安装，使其布局合理。

采光：有可能做到自然采光的室内，尽量保留可调节的自然光，这对提高工作效率、维护人的身心健康等方面有很大的好处。

照明：依据国家照明标准，为居室提供合适的工作照明、艺术照明以及安全照明，并配合居住空间设计处理选定室内照明灯具。

通风：主要以做好室内自然通风为前提，依据地区气候和经济水平，按照国家采暖和空气制冷标准，设计出舒适、经济、环保的居室空气标准。

（四）居住家具陈设设计

包括设计和选择家具等设施，并按使用要求和艺术要求进行配置。设计和选择各种织物、地毯、日用品和工艺品等，使它们的配置在符合功能要求的同时，也符合审美需求。

（五）居住绿化设计

人们在忙碌一天的工作后渴望回到家好好休息，绿色能够减轻疲劳。绿化日益成为居住空间设计要素之一。将绿色引入室内，不仅可以达到内外空间过渡的目的，还可以起到调整空间、柔和空间、装饰美化空间、协调人与自然环境之间关系的作用。

第二节　居住空间的历史

居住空间设计是人类创造并美化自己生存环境的活动之一。确切地讲，应称之为居住环境设计。人类居住空间的发展大致可以分为早期、中期和现代三个阶段。

一、早期阶段

早期阶段即原始社会至奴隶社会中期，人类赖以遮风避雨的居住空间大都是天然山洞、坑穴或者是借自然林木搭起来的"窝棚"。这些天然形成的内部空间毕竟太不舒适，人们总是想把环境改造一番，以利于生存。人类早期作品与后来的某些矫揉造作的设计相比，其单纯、朴实的艺术形象反倒有一种魅力，并不时激发起设计师们创作的灵感。

该时期的特点是由于生产技术落后、技术能力有限，所以人们只能以穴居方式居住在坑穴及山洞。由于生产能力不足，物质财富有限，所以只能满足基本功能的要求，形成了巢居的生活方式，后逐渐发展成为干栏式建筑。由于生存压力大，建造目的单一，因此形成木骨泥墙的建筑形态。早期阶段居住空间在构造和处理手段上为后来的发展打下了基础，如图1-3、图1-4所示。

> 图1-3　早期人类的居住空间（1）

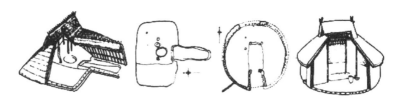

> 图1-4　早期人类的居住空间（2）

二、中期阶段

中期阶段即奴隶社会后期、封建社会至工业革命前期，这个时期人类改造客观世界的能力在不断地提高，人类的居住空间不单是简单的"容器"了，更多的居住空间的抽象的"精神功能"问题也被提了出来。所谓"精神功能"，指的是那些满足人们心理活动的空间内容。我们往往用"空间气氛""空间格调""空间情趣""空间个性"之类的术语来解释它，实质上这是一个空间艺术质量的问题，是衡量居住设计质量的重要标准之一。人生享乐的主张在中期阶段居住空间设计活动中开始得到重视。在东方，特别是在封建帝王统治下的中国，宫殿、山庄雕梁画栋，华丽异常。西方的文艺复兴姗姗来迟，但此后的社会财富占有者们也后来居上，大兴土木，把宫苑、别墅设计得外貌壮观，内部空间奢华。这个时期的生活空间设计往往追求面面俱到，特别是在眼前、近距离观赏和手足可及之处，无不尽量雕琢。为了炫耀财富的拥有、满足感官的舒适，昂贵的材料、无价的珍宝、名贵的艺术品都被带进了居住空间（图1-5、图1-6）。

> 图1-5　中式传统居住空间

该时期的特点是生产技术进步，技术能力提升，生产力加强，物质财富增多并日益集中，建造目的复杂化。这一时期建设了结构复杂、庞大的、消耗性强的皇宫、别墅山庄，哥特式、洛可可式、巴洛克的楼、台、亭、阁等。这一阶段居住空间设计工艺精致、巧妙，大大地丰富了居住设计的内容，给后人留下了一笔丰厚的艺术遗产。但在另一方面，那些反映统治阶层趣味的、不惜动用大量昂贵材料堆砌而成的所谓豪华的内部空间，也给后人植下了一味醉心于装潢而忽视空间关系与建筑结构逻辑的病根。

> 图1-6　巴洛克风格居住空间

三、现代阶段

震撼世界的第一次工业革命开拓了现代居住设计事业发展的新天地。自工业革命以来，钢、玻璃、混凝土、批量生产的纺织品和其他工业产品，以及后来出现的大批量生产的人工合成材料，给设计师带来了更多的选择。新材料及其相应的构造技术极大地丰富了居住空间设计的内容（图1-7）。

现代居住空间设计的主要特点是：追求实用功能，注重运用新的科学与技术，追求居住

> 图1-7　现代居住空间设计

空间"舒适度"的提高；注重充分利用工业材料和批量生产的工业产品；讲究人情味，在物质条件允许的情况下，尽可能追求个性与独创性；重视居住空间设计的综合艺术风格。

第三节　居住空间的功能

居住空间——家，因为它不仅仅提供给我们安全的栖息之地，把我们和外部环境隔离开来，还让我们体会亲人之间的温情，帮助我们健康成长。人们从个人生活到社交活动中的大部分都在这里进行，并从中得到从生理、安全、社交、自尊到自我实现五个需求层次的满足。居住空间环境的基本使用功能有娱乐与工作、睡眠与休息、饮食与社交、卫浴与储藏、交通与门窗等。

一、客厅

客厅既是家庭群体活动的主要空间，也是主人向外界展示自己职业、性格、情趣、修养的主要场所。位置要设在居住空间的中央地区，接近入口，但两者之间应适当隔断，避免直接通过主入口而向户外暴露，使人产生不良心理反应。客厅还应设在日照最佳位置，尽量利用户外景色，如图1-8、图1-9所示。

> 图1-8　客厅设计（1）

> 图1-9　客厅设计（2）

（一）客厅的布局

布局上要结合自然条件，综合考虑现有的居室因素以及环境设备等人为因素，配以合理的照明、良好的隔音处理、适宜的温湿度、舒适的家具。

设计视觉形式以展露家庭特殊性格修养为原则，采用独具个性的风格和表现方法，使之充分发挥"家庭展览橱窗"效果。

（二）客厅的分类

起居室可按照功能进行划分：

聚谈中心——起居室的核心，是客人与主人交流情感、互通信息的重要场所，也是家人团聚尽享天伦之乐的理想地点。这里由于与其他私人空间分隔而与餐厅、厨房、门厅等地相通，进行聚会如小宴会、生日晚会都是非常适宜的。其要求是要有适合的空间，合理摆设家具，利用台灯、靠枕、区域地毯、茶具、烟缸创造优雅悦目的气氛。

阅读中心——以休闲性阅读为目的，有书房的功效，尤其对于空间住房并不是很大的居室来说，是一个合理又适用的方法。在位置上，应选择光线良好、较安静的地方，如窗台、扶手椅背后，同时还要配置好台灯、书架、脚凳、靠枕、小地毯、茶具。

音乐中心——目的是以乐团聚、以乐娱客。可选在美丽的落地窗边，音响做隐蔽式安装，如装在矮柜中不显露出来。这样有利于打扫空间和使用空间整体化，避免给室内空间带来零乱感。

电视中心——以单独设置为宜。人与电视机的距离应为荧屏宽度的6～8倍，视线保持水平，有效角度为45°，并以设置电视灯为好。

（三）客厅的设计原则

1.要有明确的风格

客厅风格一定程度上反映了家庭的风格，主人要根据自己的爱好选择不同的风格，如古典式、现代式等。

2.要有鲜明的个性特征

可通过起居室视觉效果、家具样式体现。比如挂在客厅中的工艺品、字画和花饰。

3.要有合理的分区

娱乐、休息和聚会等是起居室的主要功能。但有的起居室比较大，还可以在客厅中设计出就餐和学习区域，应根据自身需要进行合理分区，如平时客人来得多，可把重点放在会客区的设计上。

二、书房

随着生活品位的提高和电脑操作在工作学习中的普及，越来越多的人开始重视书房设计，在空间环境允许的情况下，都会专门划分出书房的区域。书房需要一种"静、明、雅、序"的工作学习环境，是张扬个性和富有浓厚生活气息的娱乐与工作空间，让人在轻松自如的气氛中更投入地工作学习和休息。其基本功能有读书、写字、电脑操作、储藏和休息、娱乐视听等，主要家居有书桌、电脑操作台、书柜、座椅，等等。

书房是供人们阅读、藏书、制图等活动的场所，功能较为单一，对环境要求较高。书房的位置应适当偏离起居室、餐厅、儿童卧室，以避免干扰；远离厨房、储藏间等家务用房，以便保持清洁（图1-10、图1-11）。

> 图1-10　书房（1）

> 图1-11　书房（2）

（一）书房的布局

书房布局与空间有关，包括空间形状、空间大小以及门窗位置等。但无论空间如何变化，都可分为工作阅读区域、藏书区域两部分。

工作阅读区域是书房的主体，在位置、采光上给予重点处理。首先，其要求是安静，尽量布置在居住空间的尽端，以避免户内交通造成的影响；其次，朝向要好，采光要好，人工照明设计要好，和藏书区联系要方便；最后，藏书区域要有较大的展示面，以便主人查阅，特殊书籍还要求避免阳光直射。

布置书房，以安静为原则，力求美观、雅洁、实用。在布置时，应以写字台为中心，按照人在室内活动的规律，合理有序地布置家具。书房内的光线配置，应做到光线充足。书房内的天花板、墙壁、地面、家具、窗帘等，应统一在同一色调里，充分体现其整洁、明快和恬静的特点。

（二）书房的分类

1.开放式书房

设于起居室或图书室适宜位置。在空间性格上是外向的，限定度和隐秘性较小，强调与周围环境的交流渗透，讲究相互融合、沟通。与相同面积的封闭空间相比，给人的心理效果应较为开朗、活跃，性格为接纳性的，具有一定的流动性和很强的趣味性。

2.独立式书房

独立式是在居住面积较宽松的情况下，规划出来专门用于读书、学习的清静空间，或私人办公室形态。它是长久性、稳定性较强的区域。

（三）书房设计原则

1.需要明亮的光线

书房是阅读的地方，光线不好就会对眼睛造成伤害。设计时，应注意自然光和灯光的搭配。书桌放置在向阳的位置，书架上应放置小台灯便于查书。

2.保证书房环境的清净和整洁

书房是脑力活动场所，需要安静的环境来学习、思考，可采用隔音设备。书的摆设要按照书的大小排列，笔要放进笔筒，本子要叠放整齐。

3.重视个性的设计

根据个人需要而决定书房的设计风格。如悬挂几幅字画或配以优雅的古典乐曲。

三、卧室

人的一生有1/3的时间是在睡眠中度过的，因此供人们休息睡眠的卧室在居住空间中占有重要的位置。以往卧室的功能主要是睡眠，而今增加了娱乐、休闲、健身、工作等方面。完整的卧室环境分为：睡眠区、梳妆区、更衣区、储藏区等。睡眠区主要由床、床头灯、床头柜等组成。床的摆放讲究合理性和科学性，床头朝北较好。摆放方式有单人床、双人床、对床三种形式，可根据自己身心需要来选择。梳妆区由梳妆台、镜子、坐凳等组成。而一些精美的化妆品，可以作为装饰品摆放在梳妆台上。总之要尽量考虑女士需求和身体特点，布置温馨、宁静。更衣区由衣柜、座椅、更衣镜等组成，有时可与梳妆区有机结合，形成和谐的空间。储藏区多是放置衣物、被褥的地方，一般安置嵌入式壁柜，加强储藏功能（图1-12、图1-13）。

（一）卧室的分类

从使用对象来分，卧室可分为主卧室、子女卧室、老年人卧室。

1.主卧室

主卧室不仅要满足双方情感与志趣上的要求，而且要顾及夫妻双方的个性需求。严密的私密性、安宁感、心理安全感是主卧室布置的基本要求。在功能上，既要满足休息睡眠要求，又要合乎梳妆、更衣等要求。

> 图1-12　卧室（1）

> 图1-13　卧室（2）

主卧室往往是夫妻的私生活空间和睡眠中心，其形式取决于双方婚姻观、性格类型和生活习惯。

2.子女卧室

子女卧室是家庭成长发展的私密空间，需依儿女的年龄、性格、特征予以相应的规划和设计。

按儿童成长的规律，子女房可分为婴儿期、幼儿期、儿童期、青少年期和青年期五个阶段。六个月以下婴儿与父母共居一室；稚龄儿女需有一个游戏场所，使之能以自由心情发挥自我；渐成熟的儿女宜给予适当私密空间，使工作、休闲皆能避免外界侵扰，使其情绪与精力皆能正常发挥。

3.老年人卧室

老人房的设计，更多地要体现对老年人的关爱。老年人的视力和体力都有所衰退，在生活自理方面有诸多不便，首先地面的防滑就要处理好。老人的睡眠质量不是很好，因此需要营造一个安静、舒适的环境。

对于老人来说，应保持流畅的空间，以方便他们行走和拿取物品。家具的高度也要合适，以免老人爬高爬低。床应放在卧室里侧，与门保持一定距离。大点的卧室可布置两张单人床，让老年夫妇分床休息和睡眠。门窗等隔音效果要好，减少外界干扰。老年人不再追求时尚，室内装饰和色彩就应偏重、古朴。

（二）卧室设计应该遵循的总体原则

① 保证隐秘性。可选用隔音材料装修。门最好用木门。

② 实用性和舒适性。床旁应有床头柜，上面放着台灯和随时都可以拿到的东西。需要足够大的衣橱和梳妆台。衣橱一般选用组合式，承担全家人衣服、床上用品等的收纳功能。梳妆台一般设于床一侧与床头柜相连，流线型、菱形、椭圆形的镜面均可使用。

③ 风格简约为主。卧室主要用于睡觉，不需要豪华。装饰上，可以在墙上挂几幅画，在地面铺上地毯。

④ 色调要和谐、温暖。室内颜色间接搭配，窗帘颜色应素淡一些，地板颜色不要太花。

四、餐厅

相比客厅，餐厅更应予以重视，在设计面积分配、装饰投入等方面，现在餐厅均应重于客厅。

餐厅是一个家庭每天感情交流的场所。一般情况下，我们真正在客厅的时间，不会比在餐厅多。所以这个空间不能局促，不能像通常处理的那样：在厨房或客厅的一角安放一张桌子匆匆用餐，家庭餐厅不应该成为快餐厅。宽敞、明亮、舒适的餐厅是一个家庭不可或缺的（图1-14、图1-15）。

（一）餐厅分类

餐厅主要有餐桌、餐椅和酒柜，形式上大致分为厨房兼容式、独立式、客厅兼容式。

① 厨房兼容式：是指厨房和餐厅同处一个空间，能够缩短配餐和用餐后的动线，减少用餐时间。由于厨房的功能相对较多，设备复杂，需要合理布置餐厅和厨房，使其动线不受干扰（图1-16）。

② 餐厅独立式：是指餐厅、客厅或厨房完全隔开或利用较高的隔断分离出来，是一个相对独立的空间，设计上具有较大独立性。

③ 客厅兼容式：是指客厅和餐厅是一个统一的整体，同处于一个开放的空间，有利于增加居室的公共空间，视野更开阔。

（二）餐厅的设计原则

1.使用方便

餐厅多邻近厨房，方便上菜，以靠近起居室的位置最佳，可以同时就座进餐和缩短食物供应的交通线路。

2.要有充足的光线

饭菜的"色美"感很大一部分要靠灯光实现，尽量不要选择不采光的房间。

3.餐厅装饰要美观和整洁

应该放点艺术品、盆栽作为点缀，以营造成一个雅致的就餐氛围。

4.餐厅要有相对独立的空间

如果条件允许，每一个家庭都应设置一个独立餐厅。如果不能设置独立餐区，就与起居室共处一个空间位置，注意餐桌旁边放上几张休闲椅子，既可用餐又可偶尔会客。

餐厅的面积可以适当地放大，条件允许的话，餐厅和厨房间的关联性应该强化一点，增加全家备餐的参与感，减少做餐的枯燥感。

> 图1-14　餐厅（1）

> 图1-15　餐厅（2）

> 图1-16　厨房兼容式餐厅

五、厨房

厨房在人们的日常生活中占有重要地位，一日三餐都与厨房发生密切的关系。厨房的主要作用是炊事，兼顾洗涤或进餐，是居室内使用最频繁、家务劳动最集中的地方，一般与餐室和客厅邻近为佳。厨房一般配备微波炉、冰箱、灶具、洗涤盆、抽油烟机、储物柜等。

现在还有些家庭独立设立家务室，并把家务室作为厨房的附属部分，家务室一般设有洗衣机、洗涤池、烫衣板等，在做饭的同时可以兼顾做家务，提高效率，如图1-17、图1-18所示。

> 图1-17 厨房（1）

> 图1-18 厨房（2）

（一）厨房按功能分区

清洗中心——水槽：洗涤餐具食物，供应清水，配废物处理设施。

配膳中心——由配膳台与储藏台、冰箱、小型墙壁吊橱组成。

烹调中心——主要装备炉灶、烤箱、抽油烟机、微波炉等。

计划中心——书写台、抽屉、电话。

供应中心——供应柜、窗口、餐车。

用餐中心——便餐区。

（二）厨房类型

1.开敞式厨房

在居室设计中相当流行，开敞式厨房顾名思义就是将起居室、餐厅、厨房三个空间打通，实现各个空间之间的空间共享。最大限度扩展了空间感觉，达到视野开阔、空气流通的效果，并且便于家庭成员之间的交流。宽敞的活动空间，会把做饭当成一件乐事。麻烦的地方在于易使其他的环境遭油烟侵袭。开放式厨房适用于房屋面积较小、用餐频率少，且以西式料理为主的家庭。

2. 封闭式厨房

将厨房与餐厅完全分开，单独布置一个封闭空间的厨房空间形态。其特点是不受干扰，各种油烟气味不会污染其他房间，较适合中国人的烹调习惯。不过也有先天不足，长时间工作使人感到压抑，容易造成身体的疲劳，而且厨房与就餐的联系不是很方便。

3. 餐厅式厨房

是一种把就餐空间与厨房布置在一起，空间较大的独立封闭式厨房。这种厨房兼有上述两种厨房的优点，但是对灶具和抽油烟设备提出很高的要求。

希望有比较理想的厨房，必须先现场丈量，做出合理的规划和实用的布局设计，以达到实用、易清洁、有个性的目的。

（三）厨房的空间布局

1. 单排型布局

把所有的设备都布置在厨房一侧的布置形式称为单排型布局。这种布置方式便于操作，设备可按操作顺序布置，可以减小开间尺度，但净宽一般不小于1.4m。但是缺点是没有使家具得到合理的利用。这种形式一般在厨房设备数量较少、尺寸较小时使用。

2. 双排型布局

这种布置方式主要采用工作区沿两对面墙进行布置，操作区可以作为进出的通道。提高了空间利用率，但不便于操作，占用的开间较宽，所以采用这种形式布置的厨房净宽不小于1.7m。

3. L型布局

这种布置方式将清洗、配膳与烹调三大工作中心依次配置于相互连接的L型墙壁空间。最好不要将L型的一面设计过长，以免降低工作效率，这种布局占用空间比较小，而且可以利用冰箱、灶台和水槽形成三角布局，运用比较普遍，也比较经济。

4. U型布局

这种布置方式共有两处转角，和L型的功用大致相同，空间要求较大。设计中应该尽量将工作三角设计（水槽、炉具和冰箱这三个点组成的三角形）成正三角，以减少操作者的劳动量。一般储存、清洗、烹调这三大功能区应设计成带拐角的三角区，三大功能区三边之和在4.57～6.71m为宜，洗涤槽和炉灶间的往复最频繁，建议把这一距离调整到1.22～1.83m较为合理。

5. 岛式布局

这种布置方式是在中间布置清洗、配膳与烹调三中心，这需要有较大的空间，较大的面积。也可以结合其他布局方式在中间设置餐桌并兼有烤炉或烤箱的布局，将烹调和配膳中心设计在一个独立的台案之上，从四面都可以进行操作或进餐，是一种实用、新颖的方案。

6. 组合型布局

即当空间足够大时，也可以使用以上五种模式中任何一种进行重复组合，或者是两种进行搭配组合来更好地利用整个厨房空间，以达到完美效果。

（四）厨房设计原则

① 功能齐全，操作简便。家具摆放要合理，使用要方便。

② 安全要有保障。厨房集中了水、电、煤气和火，灶台与煤气管道和阀门离灶台要有一定的距离，煤气管道和电线也要保持一定的距离，多用防水防火的材料。

③ 家具选择要容易清洗。如铝塑的吊顶、光滑易洗的厨具。

④ 厨房的空间布局要合理。厨房油烟多，所以其布局和其他房间是不同的，此外，还要有较好的通风性。

⑤ 厨房的其他设施要齐全。例如要有抽油烟机，地面最好设计地漏。

⑥ 工作中心至少要包括配膳、清洗、烹调中心。如有条件，每个工作中心都要设有电源插座，地上和墙上都应设有橱柜。炉灶和冰箱间最低限度要隔有一个橱柜。

六、卫生间

卫生间既是多样设备和多种功能聚合的家庭公共空间，又是私密性要求较高的空间。除了具有沐浴、排便等功能外，同时又兼有一定的家务活动，如洗衣、更衣等。此外，随着居室卫生空间的发展，桑拿浴、健身等活动也开始进入卫生间，使得空间的传统功能得到发展。其基本设备有洗脸盆、浴缸、淋浴喷头、抽水马桶等，一般空间面积较小，常为 3 ~ 4m²。如图1-19、图1-20所示。

> 图1-19　卫生间（1）

> 图1-20　卫生间（2）

理想居室应为每一寝室设置专用浴室。但一般情况下，双卫生间比较普遍。双卫生间指的是居室有两个卫生间，一间是主卫生间，一间是次卫生间。主卫生间一般在主卧室里，次卫生间一般在客厅的边上，供夫妇外的其他家人使用。主卫是私密性比较强的，设计应以满足主人各方面要求为目的，风格要与主人的爱好相符合。浴缸等可选用高档设备，可挂梳妆镜等。次卫如果只为客人使用，设计应简单化，注重实用性；为了卫生起见，使用淋浴，不宜选用浴缸。如果既供家庭使用又供个人使用，可采用与主卫相同的装置，风格仍以简单明快和大众化为好。

（一）卫生间的布局形式

1.独立型

卫生间中的浴室、厕所、洗脸间等是各自独立的。其优点是各室可以同时使用，特别是在使用高峰时期可以减少互相之间的干扰，而且各室的功能明确，使用起来非常方便、舒适。缺点是空间面积占用过多，建造成本相对高一些。

2.兼用型

把浴盆、洗脸盆、便器等洁具集中在一个空间，称为兼用型。其优点是节省空间而且经济，管线的布置比较简单。缺点是同一时间只能一个人使用空间，影响其他人使用，不适合人口多的家庭。

3.折中型

卫生空间中的基本设备，部分独立部分合为一室的情况称之为折中型。折中型的优点是相对节省一些空间，组合比较自由，缺点是部分卫生设备置于一室时，仍有互相干扰的现象。

（二）卫生间的设计原则

① 设备齐全、使用方便，质量要有保证。

② 保证安全性。主要是用电的安全，开关插座位置要顺手，方便使用，插座不可以暴露在外，室内线路要做密封防水和绝缘处理。安装防水防滑的瓷砖。

③ 保证卫生间的私密性。用牢固并且有装饰效果的门和窗来保证私密性。

④ 重视清洁性。顶面、地面、墙面要干净整洁，装修材料要选择容易清洗的。

⑤ 卫生间通风性和采光性要好。应该采用自然和人工的通风方式。自然通风是选择有窗户的卫生间，在洗浴中让空气流通，保证顺畅呼吸。人工通风则是加装换气扇的人工排湿手段。灯光设计要明亮。

⑥ 装修风格要和整个居室风格一致。

七、储藏室

一个家庭无论是在日常生活的各使用功能方面，还是在美化家居环境的要求方面，需要一定的储藏空间。储藏室的主要功能是储藏日用品、衣物、棉被、箱子、杂物等物品。由于现在室内空间面积比较小，大多的客厅、餐厅和厨房等其他空间都设置了兼作储藏的家具，人们一般不再单独设立储藏室，如图1-21所示。

储藏室的设计原则如下。

① 以方便实用为原则。重视储藏操作的可及性与灵活性，

> 图1-21　储藏室

物品的可见度和空间的封闭性，将物品分类储藏。

② 保证室内干燥，避免物品发霉。可把门或墙体设计成条形窗格状.保持空气的流通，节省空间。

③ 保持室内干净，用容易清洗的材料。

八、阳台

阳台是人们呼吸新鲜空气、接受光照、体育锻炼、种植花卉、观赏景色、纳凉、洗晒衣物等活动的场所，一般建筑结构有悬挑式、嵌入式、转角式三种。阳台的面积通常在 4 ~ 10m² 之间，按照实用、宽敞、美观的原则，设计成开放式和封闭式的书房、健身房、休闲区或养花种草空间，如图1-22所示。

阳台的设计要点如下。

① 阳台与房间地面铺设一致可带来扩大空间的效果，恰当地延伸和连接室内外空间。集合式公寓的阳台不能随意改变，尽量保持其统一的外观。

> 图1-22　阳台

② 设计阳台要注意防水处理。排水系统尤其是水池的排水系统的设置非常重要，水池的大小要合适，下水要顺畅；门窗的密封性和稳固性要好，防水框向外；还要注意阳台地面的防水，要确保地面有坡度，低的一边为排水口；阳台和客厅要有至少1cm的高度差。

③ 阳台的设计受限制于建筑结构。阳台与居室之间的墙体属于承重墙体，在建筑的受力结构承受之内，才可拆除，阳台底板的承载力每平方米为200 ~ 250千克，要合理放置物品，如果重量超过了设计承载能力，就会降低阳台的安全系数。

④ 重视阳台的通风和采光设计。吊顶有葡萄架吊顶、彩绘玻璃吊顶、装饰假梁等多种做法，但不能影响阳台的通风和采光，过低的吊顶会产生空间压迫感。

⑤ 花卉盆景要合理安排，既要使各种花卉盆景都能充分吸收到阳光，又要便于浇水，常用的四种种植方法有自然式、镶嵌式、垂挂式和阶梯式。

⑥ 对于有两个甚至两个以上阳台的住宅，在设计中必须分出主次，与客厅、主卧相邻的阳台是主阳台，功能以休闲为主，次阳台的功用主要是储物、晾衣等。

九、通道

通道主要起着划分和连接不同空间的作用，在空间学中被称为媒介空间，可以兼具读书、就餐、交谈等其他功能，但是它的设计常常被人们所忽视。通道的设计要尽量避免狭长感和沉闷感，同时又可以美化环境，突出其他空间的功能（图1-23）。

楼梯是通道空间设计中重要而特殊的部分，从形式上大致可以分为直梯、弧形梯和螺旋梯3种。根据住宅规范的规定，房间内楼梯的净宽当一边临空时不应小于75cm；当两侧有墙时，不应小于90cm。这一规定就是搬运家具和日常物品上下楼梯的合理宽度。此外，套内楼梯的踏步宽度不应小于22cm，高度不应大于20cm，扇形踏步转角距扶下边25cm处，宽度不应小于22cm。如图1-24所示。

> 图1-23　通道

> 图1-24　楼梯

通道的设计要点如下。

① 通道常用的设计手法有很多，比如多种类型的隔断空间、悬挂字画、营造局部趣味中心或小景点、墙面采用不同制料及质地，等等。

② 利用地面的不同材料或图案，可以划分和美化通道空间，但主要设计反映在墙面和天花板上，这也正是尽可能"占天不占地"的通道设计原则。

③ 通道可以根据使用频率与客厅、餐厅等空间结合使用，缓解狭小空间的压抑感。

④ 要根据家庭成员之间的不同身体状况来选择楼梯。老人和儿童最需要被照顾，坡度小、宽踏板、矮梯级和螺旋不强烈的楼梯对他们帮助更大，在上下楼的时候心里才会感到踏实。

⑤ 楼梯按材质分有木楼梯、混凝楼梯、金属楼梯等，它们的施工方法和性能也不相同。木楼梯款式多样，制作方便，耐用性稍差，走动时容易发出声响；混凝土楼梯具有安静、坚固耐用和安全件好的特点，缺点是浇筑工序复杂，工期长，重量大；金属楼梯结构轻便，造型美观，施工方便，但是造价较高。如图1-25、图1-26所示。

⑥ 楼梯设计要注意一些细节的处理：避免上下楼时上方结构梁会碰头，楼梯底部空间适当加以利用和美化，噪声要小，尽量使用环保材料，消除锐角，等等。

> 图1-25　楼梯设计（1）

> 图1-26　楼梯设计（2）

十、门厅

　　居室自大门通往室内的出入通道称作门厅，或过道、走廊。门厅是文明型居室户内空间序列的起始点，它标志着涉足住户私有领域的界限，属于过渡行为空间。一般面积为 $2 \sim 4m^2$，面积虽小，却与家庭舒适度、品味和使用效率息息相关。如图1-27、图1-28所示。

> 图1-27　门厅（1）

> 图1-28　门厅（2）

（一）门厅作用

门厅的主要功能是在人们出入通行时起缓冲作用，是人们出入家门时换鞋和整装的空间。作为户内外过渡空间，可减少视线和噪音对居室的干扰，加强私密感、避风防寒、隔热保温、通风等。

（二）门厅分类

根据其面积大小可分为走道和门厅。居室自大门通往各居室的一条短而狭的小道，称为走道或走廊。门厅与走道相比，不仅仅在面积上有所增加，更重要的是在功能上，已从过渡性的室内通道发展为承担某种居室功能的场所。这种演变标志着居室建设由单一功能空间向多功能空间过渡，由居住封闭型向生活开放型发展。

（三）设计原则

门厅设计风格既要与客厅保持一致，又要有自己的个性；既要简洁生动，又要要求独特，易于辨识。第一要充分考虑储藏功能，必须有足够大的空间方便家人和客人脱衣、挂帽、换鞋等。第二要有充分的展示功能，利用具有装饰效果的艺术品、鲜花等来缓解空间的单调。第三要注意安全性，阻挡视线进入客厅，避免客厅被暴露，增加居室的层次感。

第四节　居住空间的设计风格

风格指一种精神风貌和格调，通过造型语言表现出的艺术品格和风度。风格是居住空间设计的灵魂，是人类生活和智慧的结晶。居住空间设计风格的形成，是不同时代思潮和地区特点的写照，通过创作和表现，逐渐发展成为具有代表性的设计形式。一种典型风格的形成，通常是和当地的人文因素和自然条件密切相关，又需要有创作中的构思和造型的特点，形成风格的内在和外在因素。随着居住空间设计领域的不断发展，其设计风格的定位受使用者的文化、艺术背景以及诸多的情感、品味等因素影响，并不仅仅局限于作为一种形式表现和形成视觉上的感受。

一、传统风格

传统风格的室内设计，是在室内布置、线形、色调以及家具、陈设的造型等方面，吸取传统装饰"形""神"的特征，主要包括中式风格、日式风格、欧式风格、东南亚风格。

（一）中式风格

中式风格的构成主要体现在传统家具（多为明清家具为主）、装饰品以及清灰、粉白、棕色为主的装饰色彩上。中国传统室内装饰艺术特点是总体布局对称均衡、端正稳健，而在装饰细节上崇尚自然情趣、花鸟、鱼虫等精雕细琢，追求古色古香的感觉，体现出东方文化的精华。如图1-29、图1-30所示。

> 图1-29 中式风格（1）

> 图1-30 中式风格（2）

近些年，"新中式"风格逐渐受到人们喜爱，主要包括两方面的基本内容：一是对中国传统文化意义在当前背景下的演绎；二是在对中国当代文化充分理解基础上的现代设计。如图1-31、图1-32所示。

> 图1-31 新中式风格（1）

> 图1-32 新中式风格（2）

（二）日式风格

日式风格又称和风风格，是日本文明与汉唐文明相结合的产物。装饰材料多以木材为主，讲究实用。推拉式门窗、复合地板以及榻榻米式的卧室结构是日本风格的典型代表。如图1-33所示。

> 图1-33 日式风格

（三）欧式风格

欧式风格主要有仿古罗马、哥特式、文艺复兴式、巴洛克、洛可可等风格，强调以华丽的装饰、浓烈的色彩、精美的造型，以达到雍容华贵的装饰效果。这类设计中常用华丽的吊灯、罗马柱、线脚、壁炉等装饰元素，强调用家具和软装饰来营造富丽堂皇的整体效果。如图1-34、图1-35所示。

> 图1-34 欧式风格（1）

> 图1-35 欧式风格（2）

（四）东南亚风格

东南亚风格是一种结合了东南亚民族岛屿特色及精致文化品位的家居设计方式。设计中广泛地运用木材和其他的天然原材料，如藤条、竹子、石材、青铜和黄铜，深木色的家具，采用一些金色的壁纸、丝绸质感的布料，追求其灯光的变化来体现稳重及豪华感。如图1-36、图1-37所示。

> 图1-36 东南亚风格（1）

二、现代风格

现代风格起源于1919年成立的包豪斯学派，该学派在强调突破旧传统、创造新建筑，重视功能和空间组织，注意发挥结构构成本身的形式美，造型简洁，反对多余装饰，崇尚合理的构成工艺，尊重材料的性能，讲究材料自身和色彩配置效果，发展了非传统的

> 图1-37 东南亚风格（2）

以功能布局为依据的不对称的构图手法。设计中，色彩强调柔和明快，讲究大胆创新。装饰织物色彩朴素，图案为简洁的波纹、条纹或小的几何图形以及一些动物纹样。家具以实用为主，线条简洁流畅而不过多装饰。照明设计多以自然光为主，灯具多用流线型和简洁的款式。设计中广泛应用新材料和新技术。如图1-38、图1-39所示。

> 图1-38 现代风格（1）

> 图1-39 现代风格（2）

三、后现代风格

　　后现代风格是在对现代主义的批判中发展起来的，强调建筑及室内设计应具有历史的延续性，但又不拘泥于传统的逻辑思维方式，探索创造造型手法。反对"少就是多"的现代主义观点，反对设计的简单化和模式化，强调室内设计的复杂性和多样性。设计中大胆装饰和色彩，使设计形式具备更多的象征意义和社会价值。设计讲究人情味，常对传统式样进行夸张、变形和重新组合，或把古典构建的抽象形式以新的手法组合在一起，即采用非传统的混合、叠加、错位、裂变等手法和象征、隐喻等手段，以期创造一种融感性与理性、集传统与现代、集大众与行家于一体的"亦此亦彼"的居住环境。如图1-40、图1-41所示。

> 图1-40 后现代风格（1）

> 图1-41 后现代风格（2）

四、自然风格

　　自然风格出现于19世纪末的工艺美术运动时期，其倡导"回归自然"，美学上推崇自然、结合自然。尤其生活在当今浮躁的城市里，人们对自然有种深深眷恋。因此在居室设计中，充分考虑室内环境与自然环境的互动关系，可将自然的光线、色彩、景观引入室内环境中，营造绿色华景。常利用自然条件，通过大面积的窗户和透明天棚引进自然光线，保持空气流畅，界面处理简洁化，减少不必要的复杂装饰带来的能源消耗和环境污染。运用天然木、石、藤、竹等材质质朴的纹理，产生质朴自然、粗犷原始的美感。巧于设置室内绿化，创造自然、简朴、高雅的氛围。此外设计还要充分考虑材料的可回收性、可再生性和可利用性，实现可持续发展。如图1-42、图1-43所示。

> 图1-42　自然风格（1）　　　　　　　　　　　> 图1-43　自然风格（2）

五、新装饰主义风格

新装饰主义产生于1925年的法国巴黎世博会，20世纪20年代影响到美国，成为定位于贵族阶层的艺术风格。其拥有纯粹而艳丽的色彩、自然的几何图案、金属原始的光辉以及充满质感的材料，让人感觉高贵而神秘，张扬却不夸张，游走于古典与现代中间，处处流淌着新时代机械化生产所割舍不掉的贵族情结，在符合现代人的生活方式和习惯的同时，又极具古典韵味的气质。

新装饰艺术风格于20世纪90年代在欧洲大行其道，尤其法国设计师重新融合现代风格后，赋予了它更加时尚的面孔。其装饰风格运用大量的花卉、植物、昆虫幻化的曲线突显"女性风格"特征的圆润，满足了悠闲而小资的阶层所有猎奇的需要。如图1-44、图1-45所示。

> 图1-44　新装饰主义风格（1）　　　　　　　> 图1-45　新装饰主义风格（2）

六、融合型风格

这是一种感性与理性、传统与现代、东方与西方的审美理想于一体的创造性的装饰风

> 图1-46 融合型风格

格。室内布置具有西方情调又有东方神韵。例如传统的屏风、摆设和茶几，配以现代风格的墙面、门窗及新型的沙发；欧式古典的琉璃灯具和壁面装饰，配以东方传统的家具和埃及的陈设、小品，等等。融合风格虽然在设计中不拘一格，运用多种体例，但设计中仍然是匠心独具，需要深入推敲形体、色彩、材质等，以达到总体的构图和视觉效果。如图1-46所示。

七、田园风格

田园风格大量使用木材、石材、竹器等自然材料，用自然物营造自然情趣，而室内环境的"原始化""返璞归真"的氛围体现了自然的特征。

田园风格在美学上推崇"自然美"，力求表现悠闲、舒畅、自然的田园生活情趣。现代人对阳光、空气和水等自然环境的强烈渴求以及对乡土的眷恋，使人们将思乡之物、恋土之情倾注到室内环境空间、界面空间、家具陈设以及各种装饰要素之中，于是田园风格得到了很多文人雅士的推崇。如图1-47所示。

> 图1-47 田园风格

第五节 居住空间设计的设计
原则及发展趋势

一、居住空间设计的设计原则

因为居住空间设计要以人为核心，在尊重人的基础上关怀人、服务人，所以其设计原则必须符合人物质方面和精神方面的需求。物质方面可以理解为对居室设计实用性、经济性等的要求，而精神方面可以理解为对居住设计艺术性、文化性和个性化的要求。其设计原则如下。

（一）坚持实用性和经济性统一的原则

实用性要求设计时最大限度地满足室内物理环境设计、家具设计、绿化设计等的需要，并体现其功能性。这就要求设计者必须对人体工程学、环境心理学、审美心理学有较深的了解。室内环境是否实用，涉及空间组织、家具设施、灯光、色彩等诸多因素，在设计中要注意。

经济性指以最小的消耗达到所需的目的，但不是指片面的降低成本，不是以损害施工效果为代价。它包括两个方面：生产性和有效性。

（二）坚持科学性和艺术性统一的原则

居室设计应该充分体现当代科学技术的发展，把新的设计理念、新的标准、新型材料、新型工艺设备和新的技术手段应用到具体设计中以此为人们的生活提供更多便利。

艺术性指高度重视室内美学原则。美是一种随时间、空间、环境而变化的、适应性极强的概念。重视美就是创造具有表现力和感染力的室内空间设计，创造具愉悦感和文化内涵的室内环境。

（三）坚持个性化和文化性统一的原则

设计要有独特的风格，缺少个性的设计是没有生命力与艺术感染力的。无论在设计的构思阶段还是在设计深入的过程中，只有加以新奇和巧妙的构思，才会赋予设计以生机。此外，不同民族、不同地区的设计具有不同的文化背景和地理背景，居住空间的设计各具特色；而业主年龄、性别、职业、文化程度和审美趣味相异，其居住空间的设计也不同。

文化指人类在社会实践过程中所获得的物质、精神的生产能力和所创造的物质、精神的财富。作为一种历史现象，文化的发展具有历史继承性，同时也具有民族性和地域性。居室设计应主动体现国家的、民族的、地域的历史文化，使整个环境具有一定的历史文化内涵。

（四）坚持舒适性和安全性相统一的原则

舒适的居室设计离不开充足的阳光、清新的空气、安静的生活氛围、丰富的绿地和宽阔的室外活动空间等。舒适的空间能给人更多精神层面的享受。

人的安全需求仅次于吃饭、睡觉等，是第二位的需求。其包括个人私生活不受侵犯、个人财产安全不被侵害等。所以居室环境中的空间领域的划分、空间纽合处理、物理环境设计、家具陈设等不仅要体现舒适性，还要有利于环境的安全保卫。

（五）坚持生态性和可持续发展统一的原则

居室设计中，必须维护生态平衡，贯彻协调共生原则、能源利用最优化原则、废弃物最少原则、循环再生原则等。与此同时，要让环境免受污染，让居住者更多地接触自然，满足人们回归自然的心理要求。其主要措施有节约能源、充分利用自然光和自然通风、利用自然因素改善室内小气候、因地制宜采用新技术等。

可持续发展就是实现人与自然的和谐发展，最终建立起环境友好型、资源共享型社会，应用到居室设计中，一是在设计之初要考虑日后调整室内布置、更新材料和设施的可能性。二是确保节能，充分节约与利用空间，创造人与环境、人工环境与自然环境相协调的理念。既要考虑更新可变的一面，又要考虑在能源、环境、生态等方面的可持续性。

二、居住空间设计未来的发展

　　未来的居室设计应是一种"绿色设计"，它包括两方面的含义：一是室内空间所使用的材料，必须采用新技术，使其达到洁净的"绿化"要求；二是创造生态建筑，使室内空间系统达到自我调节的目的，同时也包括在室内外空间大量使用绿化手段，用绿色植物创造人工生态环境。

　　未来人们对室内的采光、日照、通风、空气质量等诸多因素同样有着越来越高的要求。不仅要求居室内部的房间齐全、动静分开、洁污分离，主要居住的房间阳光充足，各种设施完善，能满足节能需要，要求形式更现代、更接近自然，具有时代感，能够体现自由，体现家庭的亲切。在注重外观形式的同时，对外观的质量和材料也有相应的要求，而新技术、新材料的发展为此提供了可能性，也使形式更加多样化。

　　智能化设计也是未来发展方向。随着城市网民数量的增多，房地产开发商也还会根据买家的需要建立起家庭办公自动化设施，全方位的智能化防盗及居室的一卡通消费系统等都采用这种超前的智能化设施。

　　随着东西文化的不断渗透和融合，人们接受新事物的能力逐步提高，对于多种风格形式的居室的适应能力也越来越强，居室走向多元化风格是必然的发展趋向。

课题训练

　　1.谈谈你对当前居住空间设计的看法。
　　2.谈谈如何进行居住空间中不同功能空间的设计。

居住空间设计
Residential space design

Chapter 2

第二章　如何开始
　　　　　设计

居住空间设计是一项复杂的工程，必须按照一定的实施程序，把思维中的想象空间构筑在人们的现实生活中来。同时居住空间设计又是一项需要思维和表达紧密结合的工作，有许多思维与表达的程序和方法需要设计师掌握。

第一节　居住空间的设计程序

一、设计准备阶段

设计前期工作就其工作方式来说是一种收集、掌握第一手资料以及对这些资料进行研究的过程。因此，这一阶段的设计思维方法主要是运用逻辑思维对资料进行分析与综合，以便得出针对下一步具体设计的指导性意见。设计师将这些准备工作做得越充分，在下一步着手设计时，就越主动。因此，这一阶段的工作不可疏忽大意。

（一）设计任务书提案

设计任务书是进行居住设计的指导性文件，对于不同要求的设计项目，设计任务的详尽程度差别很大，但一般包括两大部分内容：文字叙述部分和图纸部分。

1.文字叙述部分

项目名称：从项目名称中了解该设计属于何种类型以便在设计中把握其应表达的特性。如果丧失了明确的设计目标将难以达到良好的设计效果。如居住空间设计时，如果盲目追求高档装修材料，过分堆砌装饰符号，整个效果就会失去应有的家居气氛。

项目地点：有些重要的设计项目，其构思源泉可能与地域环境（包括自然环境与人文环境）密切相关。理解项目地点的特征性，有助于设计师在室内设计中注意设计风格的创造、装饰材料的运用、陈设品的恰当配置，甚至力求把室外景观环境纳入居住空间当中都会起到积极的作用。

项目内容：这涉及设计时具体需要进行设计工作的范围，在设计任务书中一般会详尽列出。对这些需求要做到心中有数，以便在设计过程中分清主次，合理配置时间、精力、人员。

项目要求：这是设计任务的重点，表明了甲方（业主）对各个空间的要求和限定，设计时务必不要偏离。当然，有些项目的设计要求是原则性，比较灵活或者不甚完善，这些都需要设计师去理解任务书对项目要求的含义，应向甲方（业主）进行咨询沟通，以便进一步明确设计要求。

项目标准：室内设计的装修标准是非常有弹性的，主要反映在用材和材料单价上的差距。设计时可用行规的标准进行控制。设计者在理解任务书的基础上要做到对设计标准心中有数，就能避免设计工作不必要的返工。

设计成果与要求：为了直观地表达设计要求及成果，设计师要提供设计说明、平面布置图及家具配置图（常用比例1：100，1：150）、主要空间剖立面图（常用比例1：30，

1：50）、顶面设计图即天花布置图（常用比例1：50，1：100）、电气设施配置平面图（常用比例1：50，1：100）、必要的节点大样图、概预算、设计效果图、模型或其他常用的表现方式等，不同的设计对其设计成果的要求不尽相同，视具体情况而定。

2.图纸部分

这是设计任务书的重要组成部分，一般以设计施工图或方案图为依据，首先要读懂图纸，明确房间的平面布局方式，结合进一步的平、立、剖面图的有机关系，建立空间形象。同时，明确水暖电结构等图纸中各种管线设备的布置情况和结构体系。

（二）调查研究

1.阅读居住者的需求

咨询是设计前期准备阶段的必要工作，设计师要向居住者（业主）获得比设计任务书更多的设计信息，首先要在理解任务书的基础上，能够有针对性地提出更多的有助于设计的问题，而不是让居住者（业主）自己诠释任务书。其次要通过与居住者（业主）的交谈分析居住者的要求，了解其家庭结构形态（新生期、发展期、老年期）、家庭综合背景（籍贯、教育、信仰、职业）、家庭性格类型、家庭生活方式、家庭收入条件；了解对居室的要求，比如建筑形态、色彩、照明、材料与结构。对这些都了解后才能做出合理的计划。

2.了解基础居住环境并正确阅读

一般情况下，设计者都需要到现场亲自感受一下空间状况，因为看建筑图纸是一回事，空间感受却是另一回事。甚至有可能在建筑施工过程中，某些部位做了修改，而业主没有提供修改图纸，这就更需要到现场核对图纸，若有变动，应在现场做好记录，以便回来及时校正图纸。

在现场特别要注意建筑细节的变化，如立管位置，插座、灯头位置，风管、风口布置情况，暖气片位置及长度，卫生间的下水洞口，烟道、风道、壁柱等凸出物的状况，外窗在洞口安装的位置是居墙中还是靠里皮，梁下皮距室内地坪的高度及其截面尺寸，台阶步数及尺寸，等等，凡是室内的细节尺寸都要一一标出，特别是住宅室内设计更要把每一个空间变化的尺寸都详细记录。因为，业主提供的建筑图纸标注尺寸不可能详细到如此程度，即使是建筑施工图也做不到。何况在某些情况下根本就没有图纸，如旧房改造项目中或者只有平面示意图时，此时就需要室内设计师在现场进行测绘。

现场踏勘除了搞清室内空间状况外，还有一个作用就是可以在现场进行初步构思。比如对平面的调整，对空间的利用，对墙面、洞口的移位，对高度的调整，结构设备对空间设计的限定等，都可以有一个实际的感性认识和印象。

总之，只有对现场情况了如指掌，才能在设计阶段得心应手。

3.查阅资料

设计是综合运用多学科知识的创作过程，设计师欲提高空间设计的质量和水准，就不能只停留在就事论事地解决空间功能与形式问题上，而应借助于多学科知识提升室内设计目标的品位。这就需要针对设计项目的要求及其内涵，特别是对意境、文化品位有一定要求的特殊空间，运用居住空间设计知识来启迪创作思路，或解决空间设计的技术问题。

当然，不是所有的室内设计内容都要表达高层次的文化性，但有时表达个性还是必要的，否则就会出现千篇一律。而个性的表达，往往与使用者的对象有关。例如，老年人使用的居住空间、儿童的居住空间必须考虑特定人群的实际需要，设计师需多阅读一些有关老人、儿童的心理学、生理学等学科知识，从中了解这些特殊人群对室内空间、色彩、家具等的要求，如此就会在室内设计的空间形态、色调、装饰图样、家具形式、选材等方面作出精心选择。

4.考察实例

查阅资料可以获取与积累知识，而考察实例却能体验室内实际效果，这对于设计师在做同类型居住空间设计时会有很大的参考价值。首先，便于把握设计项目的空间尺度。其次，通过实地考察时可引发创作灵感，在设计过程中可以借鉴发挥。

另外，实例中许多细部的构造设计、线条收头、施工做法是最生动的教科书。通过考察实例现场可以一目了然，便于直观琢磨，甚至可以将节点的实际效果与具体尺寸对照记录下来，在设计中借鉴时也会心中有把握。

总之在考察实例时，要善于观察、细心琢磨、勤于记录，"处处留心学问"这是设计师应具有的专业素质。

二、计划阶段

设计前期的准备工作仅仅是大量信息的收集，紧接着就要对这些资料进行整理，对信息进行分析，其目的就是为设计构思和正式展开室内设计理清思路，提出指导性意见。条件分析主要包括对设计任务的分析和对建筑条件的分析。

（一）对设计任务书的分析

一般而言，设计任务书都会给出建筑的外部条件。从区位环境到地段环境，甚至重要的设计项目会提到地域环境。房间的朝向、景向、风向、日照、外界噪声源、污染源等都会影响设计的思路和具体处理。因此，从设计任务书中要分析自然条件的利弊，以便在设计中有针对性地进行处理。

另外，设计任务书的重点是对各个房间设计要求的阐述，由于各房间布局都已在建筑设计中确定，此时，就要对这些房间的功能性质、功能要求、各房间的功能关系、空间特征，以及它们对各自室内风格、气氛、意境的规定等设计因素进行仔细分析，确立好设计目标。

（二）对建筑条件图的分析

对建筑条件图的分析，室内设计师所要做的工作包括：分析建筑结构形式、分析建筑功能布局是否合理完善、分析各房间内门设置是否合理、分析水平与垂直交通体系、分析室内空间的特征、分析设备对使用空间的影响等。

对于旧房改造的室内设计项目，对现状的分析就更为重要了，特别是在缺乏图纸资料的情况下，更要对建筑条件进行深入的现状分析。

除上述分析项目外，还要特别关注建筑的安全性，包括已使用年限，结构墙体的损耗程度，结构体系对功能置换的影响，卫生间的改造、位移或增添对结构及对其他房间的使用会产生多大影响，由于旧房改造而产生的扩建或增加荷载的土建工程在新老建筑结合部位会产生怎样的结构、构造问题，等等。

三、设计方案执行阶段

（一）室内平面设计

最能反映功能信息的就是平面，在平面设计中，研究的首要问题即人的使用问题——各房间之间关系是否有机，房间是否有缺项，房间布局是否符合人的生活秩序等。因此，平面设计也是居住空间设计程序中所有工作环节的基础。

1.完善功能布局

根据条件分析中对建筑平面布局的全面检查，将局部功能布局不甚合理的房间进行调整，这是展开室内平面设计的前提，调整的原则是各房间的布局应符合该建筑类型的功能设计原理。如：住宅建筑各个房间在总体布局上要做到公共区（客厅、餐厅、厨房）与私密区（卧室、书房、储藏间）大体上要分区明确。应该说，这一基本要求在建筑设计中已经做到了。但某些住宅设计总会在这个基本设计问题上出现偏差，或者住户有新的要求，那么在室内设计中室内设计师在可能条件下，一定要尽可能将功能调整好。

2.提高平面有效使用系数

从经济性考虑，我们要尽可能扩大居住空间的使用面积，以提高平面使用系数，而在合理的标准下，尽可能减少辅助面积，这一点在居住空间设计中显得特别重要。

比如，要按设计规范确定正常的过道宽度，按交通流量确定过厅使用大小，再以舒适度和空间感对照是否有减少交通面积的潜力。但有时，为了提高平面有效使用系数，不是压缩辅助面积，而是在原有辅助面积的基础上，再扩大一点，以此培加功能内容，从而提高平面有效使用率。

3.改善平面形态

房间的平面形态与功能使用要求、视觉审美有很大关系，与房间的面积大小有时也密切相关，在平面设计中对这一问题应特别关注。所谓平面形态包含两个内容：一是平面形状；二是平面比例关系。

关于室内平面的形状，一般而言，小房间多为矩形或方形，因为这与常规家具形状较匹配，利于家具配置设计。而异形平面如几何形中的三角形、多边形、圆形、弧形等平面，若房间面积较大，房间的家具配置要求较宽松，则异形平面只要符合形式与内容有机统一的原则即可。而异形平面与小房间的使用功能将产生一定矛盾，因此平面设计中，若遇有这种情况，需要做些补救工作。在大多数情况下，建筑设计中对于平面形状都会予以合理考虑，但在个别情况下，特别是旧房改造项目中，完全要靠室内的平面设计工作加以完善。

4.组织室内流线和布置家具

按建筑设计的常规方法，小房间门总是靠墙角布置，且留半砖墙槽。但是在有些情况下，这并不是最合理的设计。例如，在一间办公室中，若一个房间门和一个阳台门都沿一边墙布置，则两者之间的流线就与沿墙家具发生矛盾，或者流线不简洁，或者家具布置受影响。若要改变这种不利情况，有经验的室内设计师会将阳台门移位，使阳台门居开间中心，以利于家具沿墙布置，而流线也不会占有效使用面积。可见，一个门洞位置的改变会影响一个房间的使用质量。

（二）室内空间设计

1.一次空间设计

完善一次空间设计，是在平面设计阶段对建筑使用功能研究的基础上，深入考虑每个房间在高度方向上的尺寸，以满足各种类型建筑室内空间对各自空间体量的要求。

2.二次空间设计

在进行空间设计时，真正大量而重要的工作是空间二次设计。因为，人的生活是多样化的，而不同人的生活又是多元化的，如此丰富多彩的生活方式不可能容纳在建筑设计的一次空间里，这就需要从一次空间中划分出具有特定小环境或特定功能内容的空间，以适应多种多样的生活需要。所以，二次空间设计就是对小环境的创造。它在整个室内设计中起到充实空间内涵、丰富空间层次、增添空间景色、更好地满足人的物质和精神要求的作用。所以，没有二次空间设计就谈不上真正意义上的居住空间设计。

但是，二次空间设计并不意味着在一次空间里用实体又围合成一个封闭的"盒子"，而多半是虚空间（即潜在的心理空间）。它往往没有泾渭分明的边界线，而是呈现多种多样的形态，我们可以通过各界面的变化，或者各种分割的手段，如装修、家具、陈设以及绿化、小品、水体等多种要素进行小环境的创造。

（三）家具配置

当平面设计完成后，就要考虑各房间的家具及设备的具体配置问题，同时，进一步由此检查平面设计的细节是否还有不完善的部分需要修改。这一阶段的设计工作更趋细致，甚至按厘米来推敲尺寸，比如各种室内家具都有常规尺寸，室内设计师要对它们了如指掌。任何对尺寸概念的不清，都会使家具配置设计方案得不到落实。

对设备尺寸的掌握也是如此。诸如，卫生洁具、灶台洗池、实验台甚至各种电气设备等，其尺寸常常决定着配置的方案是否成立，或者与平面形态是否能有机结合。室内设计师若能够熟悉这些设备的尺寸，便可以使配置方案建立在可行的基础上。

当然，在一些情况下，可能采用非标准家具类型，此时，不管是自行设计还是订做，都是在常规家具尺寸的基础上进行变化的，对于一些基本的尺寸不会因为家具形式的变化而改变。如家具高度的尺寸，因与人的尺度相协调，基本上不会有太大的真，低柜高度基本为450～500mm，桌案台的高度基本为750～800mm，衣柜高度基本为2200mm左右，椅的坐高基本为450mm，等等，因此，记住这些基本尺寸有助于设计师们正确展开家具的配置设计。

（四）立面、顶面、地面设计

1.立面

室内的平面设计、空间设计以及家具设备的配置设计以后，主要解决了有关使用的舒适性的功能设计问题以及室内空间形态完善的问题，这两个问题的解决意味着室内几个垂直界面基本定位。

垂直界面作为结构支撑、空间围合与分隔手段。除此之外，垂直界面作为人流活动和家具等室内一切构成要素的背景，又处在人的正常视野之内，它的视觉艺术效果就成为关注的重点，这就需要对垂直界面做细致的立面设计。其内容包括立面的色彩设计、立面的材质设计、立面的装饰设计。

2.地面

地面作为人的各种活动及家具设备等所有室内构成要素的依托，主要考虑地面应平滑，既要满足行走的易行性，又要保证安全性，同时，由于行走时产生噪声和振动，又要充分考虑材料的吸声性能和发声性能。作为地面材料因经常承受人的行走和物体拖动而产生摩擦，因此地面材料的耐久性也是室内设计要考虑的问题。总之，地面在人的有限视高范围内因其显露程度不及墙面和天棚，因此地面的设计除考虑上述问题加以解决外，在视觉艺术要求方面并不要求同立面设计一样。

3.顶面

顶面作为室内空间的覆盖面位于人的上方，人仰视时能一目了然，因此顶面的设计对于展现室内设计的整体效果尤为重要。但顶面设计不像立面设计和地面设计把材质作为重要的考虑因素，它只着重考虑如何满足技术要求和发挥造型艺术的魅力。室内顶面以其结构美作为造型艺术表现是明智的设计手法，或者通过局部吊顶与结构形态共同构成顶面造型艺术形式也不失为好的手法。

四、验收阶段

对居住空间室内设计执行进程的管理，最重要的问题在于对时间进度、工程成本和质量的控制。进度计划是把工程范围内所有该做的和该关注的部分按照施工顺序和时程表全部列出，按时完成施工进度；成本的控制则是本着对业主负责的一种态度，对施工材料、施工人员或者承包商都应该按需分配、科学管理；工程的质量管理属于控制难度相对较大的部分，不同地区有不同的验收标准，施工前必须核查设计要求中是否有针对工程质量的核查标准，在施工过程中必须严格针对质量的规范对施工单位进行要求。这些标准均需在施工前与业主完成确认，并按照规范执行查验及验收，确立文字性的规范文书，这对业主而言也是一种保障。

第二节　居住空间的设计方法

人类的思维活动包括两种方式，一种是语言思维方式，一种是图解思维方式，这两种思维方式虽然不同，但都依赖于视觉。它们之间的区别首先在于传递意念时使用的符号不同。图解分析既可解决在设计中的盲目性，又具有一定的逻辑性，并且能激发创造性思维。因此，在现代居住空间设计中图解分析是不可替代的思维形式。

一、图解分析的思维方式

居住空间设计的图形思维方法实际上是一个从视觉思考到图解思考的过程。空间的视觉艺术形象设计从来就是居住空间设计的重要内容，而视觉思考又是艺术形象构思的主要方面。当思考以速写想象的形式转化成为图形时，视觉思维就转化为图形思维，视觉的感受转换为图形的感受，视觉感知的图形解释转化成为图解思考。

二、图解方法种类

（一）设计图解分析方式

设计图解分析方式是指利用图解记录的形式对各种设计内容的需求、脉络、形式进行分析整理的一种逻辑分析方法。

在室内设计领域，经常使用以下三种设计图解分析方法。

1.关联矩阵坐标法

关联矩阵坐标法是以·维的数学空间坐标模型为图形分析基础的，是表现时间与空间或空间与空间相互关系的最佳图形模式。这种图形分析的方法广泛应用于空间类型分类、空间使用功能配置、工程进度控制等众多方面。

2.树形系统图形法

树形系统图形法是以一维空间点的单向运动与分离作为图形表现特征的，是表现系统与了解系统相互关系的最佳图形模式。这种图形分析的方法主要应用于设计系统分类、空间系统分类、概念方案发展等方面。

3.圆方图形分析法

圆方图形分析法是一种室内平面设计的专用图形分析法，它通过几何图形从圆到方变化过程的对比来进行图解思考。在分析过程中，空间本体以"圆圈"的符号依照功能区分罗列出来，无方位的"圆圈"关系组合显示出相邻的功能关系，在建筑空间和外部环境信息的控制下，"圆圈"表现出明确的功能分区，并在"圆圈"向矩形"方框"的过渡中确立了最后的平面形式与空间尺度。

（二）空间图解方式

居室设计的核心是室内空间计划，设计师在计划明确之前，应该充分利用图解方式进行各种可行性的空间图式演算，其中包括空间关系、使用功能、尺度形状等。利用图解方式进行各种比较，反复对平面空间进行综合安排配置，让设计计划不断得到深化完善，这当中有许多方式和办法可以帮助我们。

空间的形式与空间的使用有着非常重要的关系，在同一空间内设计师使用的方式可因内容不同而进行不同的选择。如判断空间形式划分是否适当，可将设施家具等拟定出多个方案进行比较，选择其中的最佳方案进行。在这种比较性草图逐步综合的过程中，设计师的思维活动也就逐步展开和深化了。

（三）三维图解方式

空间是三维的，从平面认识空间，又从立面和剖面去加以发展。设计师进行空间分析时应将立面与剖面同时考虑。立面主要是指空间中界面装饰的形态以及家具、门窗、设施在各个墙面上的投影。立面能帮助我们认识空间尺度和比例，以及空间各组成部分的外部形态。剖面主要对空间、家具等的内部构造和施工工艺进行详细的分解和表述，能帮助我们认识空间、家具的构造。立面和剖面能很好地构建室内的空间形态。如图2-1～图2-7所示。

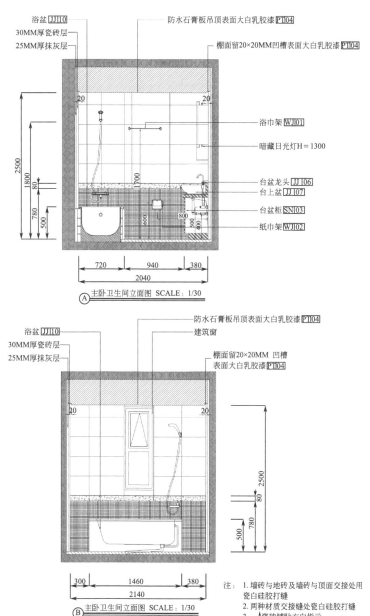

> 图2-1 立面图（1）

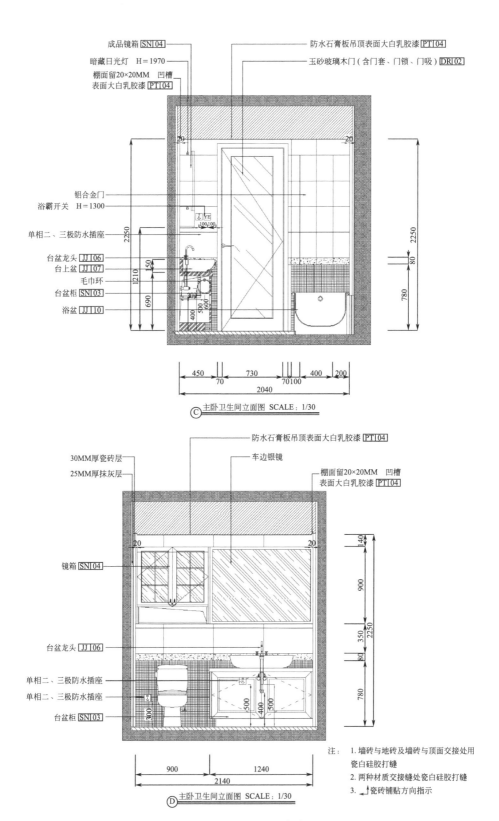

成品镜箱 SN 04
暗藏日光灯　H＝1970
棚面留20×20MM　凹槽
表面大白乳胶漆 PT 04
防水石膏板吊顶表面大白乳胶漆 PT 04
玉砂玻璃木门（含门套、门锁、门吸） DR 02

铝合金门
浴霸开关　H＝1300
单相二、三极防水插座
台盆龙头 JJ 06
台上盆 JJ 07
毛巾环
台盆柜 SN 03
浴盆 JJ 10

20　20
2250　2250
1210
690
150
80
780

450　70　730　70 100　400　200
2040

Ⓒ 主卧卫生间立面图　SCALE：1/30

防水石膏板吊顶表面大白乳胶漆 PT 04
30MM厚瓷砖层
25MM厚抹灰层
车边银镜
棚面留20×20MM　凹槽
表面大白乳胶漆 PT 04

镜箱 SN 04

台盆龙头 JJ 06

单相二、三极防水插座
单相二、三极防水插座
台盆柜 SN 03

20　20
140
900
350
2250
80
780
300
500　400　500

900　1240
2140

Ⓓ 主卧卫生间立面图　SCALE：1/30

注：　1. 墙砖与地砖及墙砖与顶面交接处用
　　　　瓷白硅胶打缝
　　　2. 两种材质交接缝处瓷白硅胶打缝
　　　3. ↑瓷砖铺贴方向指示

> 图2-2　立面图（2）

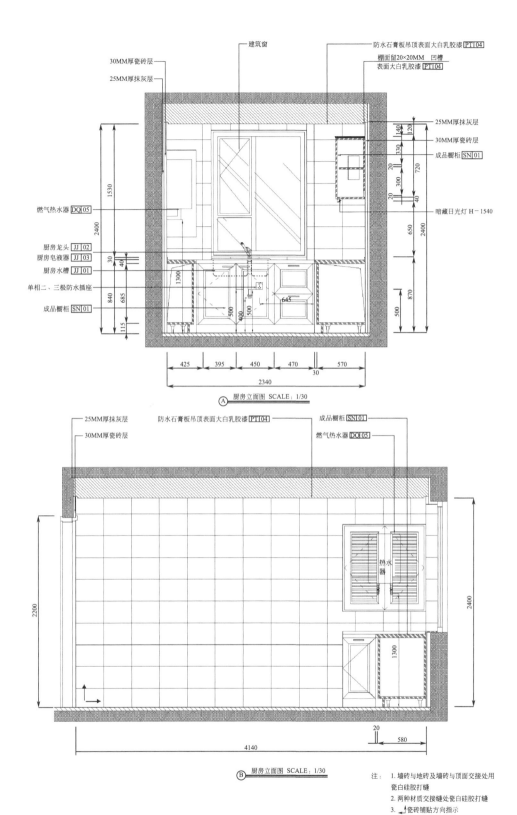

建筑窗

防水石膏板吊顶表面大白乳胶漆 PT 04

棚面留20×20MM 凹槽
表面大白乳胶漆 PT 04

30MM厚瓷砖层

25MM厚抹灰层

25MM厚抹灰层

30MM厚瓷砖层

成品橱柜 SN 01

燃气热水器 DQ 05

暗藏日光灯 H－1540

厨房龙头 JJ 02
厨房皂液器 JJ 03
厨房水槽 JJ 01

单相二、三极防水插座

成品橱柜 SN 01

1530

2400

30
40

1300

840
685

115

425   395   450   470   30   570

2340

140
120
330
20
300
20
40
720

650
2400
870

500

Ⓐ 厨房立面图 SCALE: 1/30

25MM厚抹灰层

防水石膏板吊顶表面大白乳胶漆 PT 04

成品橱柜 SN 01

30MM厚瓷砖层

燃气热水器 DQ 05

热水器

2200

2400

1300

4140

20
580

Ⓑ 厨房立面图 SCALE: 1/30

注 : 1. 墙砖与地砖及墙砖与顶面交接处用
瓷白硅胶打缝
2. 两种材质交接缝处瓷白硅胶打缝
3. 瓷砖铺贴方向指示

> 图2-3 立面图（3）

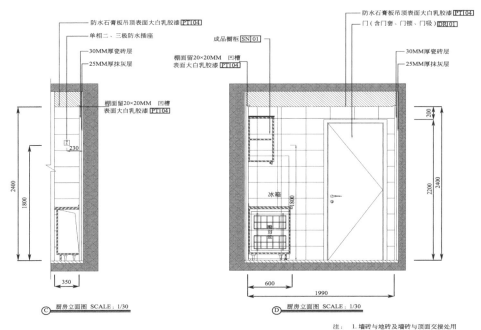

防水石膏板吊顶表面大白乳胶漆 PT 04
单相二、三极防水插座
30MM厚瓷砖层
25MM厚抹灰层

成品橱柜 SN 01
棚面留20×20MM 凹槽
表面大白乳胶漆 PT 04

防水石膏板吊顶表面大白乳胶漆 PT 04
门（含门套、门锁、门吸）DR 01
30MM厚瓷砖层
25MM厚抹灰层

棚面留20×20MM 凹槽
表面大白乳胶漆 PT 04

230

2400
1800

350

© 厨房立面图 SCALE：1/30

冰箱

600
1990

200
2400
2200

Ⓓ 厨房立面图 SCALE：1/30

注： 1. 墙砖与地砖及墙砖与顶面交接处用
瓷白硅胶打缝
2. 两种材质交接缝处瓷白硅胶打缝
3. 瓷砖铺贴方向指示

> 图2-4　立面图（4）

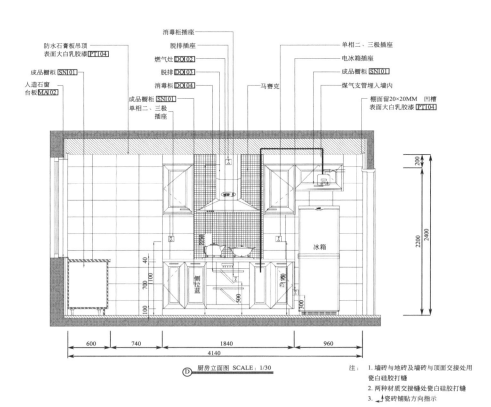

防水石膏板吊顶
表面大白乳胶漆 PT 04
成品橱柜 SN 01
人造石窗
台板 MA 02

消毒柜插座
脱排插座
燃气灶 DO 02
脱排 DO 03
消毒柜 DO 04
成品橱柜 SN 01
单相二、三极
插座

单相二、三极插座
电冰箱插座
成品橱柜 SN 01
煤气支管埋入墙内
棚面留20×20MM 凹槽
表面大白乳胶漆 PT 04

马赛克

冰箱

40
700
100
100

2200
2400
200

600
740
1840
960
4140

Ⓓ 厨房立面图 SCALE：1/30

注： 1. 墙砖与地砖及墙砖与顶面交接处用
瓷白硅胶打缝
2. 两种材质交接缝处瓷白硅胶打缝
3. 瓷砖铺贴方向指示

> 图2-5　立面图（5）

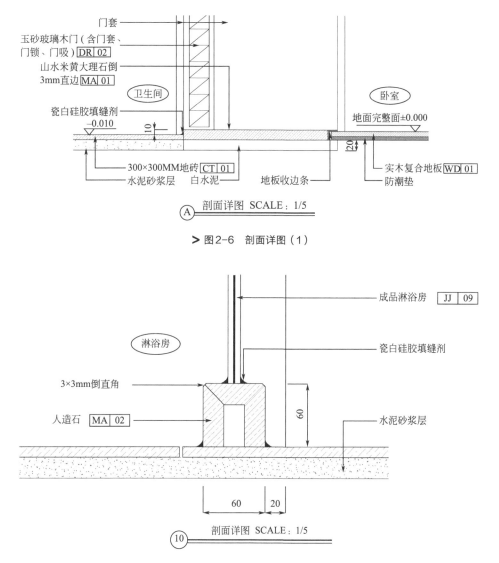

門套

玉砂玻璃木门（含门套、
门锁、门吸）DR 02

山水米黄大理石倒
3mm直边 MA 01

瓷白硅胶填缝剂
−0.010

卫生间

10

卧室

地面完整面±0.000

20

300×300MM地砖 CT 01

水泥砂浆层　白水泥　地板收边条

实木复合地板 WD 01

防潮垫

A　剖面详图　SCALE：1/5

＞ 图2-6　剖面详图（1）

成品淋浴房　JJ 09

淋浴房

瓷白硅胶填缝剂

3×3mm倒直角

人造石 MA 02

60

水泥砂浆层

60　　20

10　剖面详图　SCALE：1/5

＞ 图2-7　剖面详图（2）

（四）轴测图解方式

除立面和剖面的大样草图之外，图解的轴测方式也是一种很好的空间观察方式。这种方式主要是从平面上去建立空间关系，以一种鸟瞰角度去观察空间平面和立面，这样空间构成关系可以一目了然，并且可以观察一些较为详细的内容。如图2-8所示。

轴测图解方式以平面图为基础，再加以60°角的倾斜去建立垂直竖向的空间形态，这种方式能有效迅速地把握空间整体形态，并有相对的准确性。

轴测面图解虽以草图方式进行，亦可附加文字、符号、标注、数字等，图文并茂的轴测图解方式更具有说服力。

（五）透视图解方式

透视图是描述三维空间的最好方式，在图解方式中可以直接观察到空间效果，利用透视进行设计的调整、充实和重新编辑，充分考虑天、地、人之间的协调关系，使其更具有空间的统一性。如图2-9～图2-11所示。

透视图解方式可以是很随意的草图形式，其目的是为了帮助设计师进行空间观察，使其对空间观察更加深入细致，通常可采用直观的透视方式。如图2-12、图2-13所示。

透视图解同样可以用文字、数字、符号等补充说明内容。如图2-14所示。

（六）模型图解方式

模型图解用两种方式进行。第一种方式采用手工绘制方法，手工绘制是将设计思想的最初想法用立体图解的方式表现出来；第二种方式是用立体模型的建构方式制作出来。在制作模型的过程中尽量采用标准的比例尺进行搭接，模型色彩与材质用象征、近似等方式进行制作（图2-15）。

三、图解方式的意义

（一）图解方式有利于人际交流

交流通常是指人与人之间有效的对话。设计师通过与业主的交流确定设计意识，通过与自己的交流发现问题，完善方案。交流是设计活动中一个重要的内容，通过交流可以确定意向、达成共识。图解交流是用图式语言来进行的，图式语言将抽象语言具体化，是一种最优的交流方式。

（二）图解方式有利于设计分析

在设计创意阶段，设计师需要对各种信息和资料进行分析处理。图解方式是帮助设计师进行设计分析的有效手段和办法，利用各种表格、框架、草图、语言等对各种内容的脉络、形式、要求等进行推理和分析，确定其中各种关系。分析中包含理性与感性两方面内容，理性方面更侧重在平面组织、连贯性和等级这类因素，感性方面侧重于创意、情调、特殊效果等。这些都是设计分析的基础，最好利用图解思考的方式。

（三）图解方式便于创造性思维的发挥

设计的核心是创意，它贯穿于整个设计活动的始终。设计的过程就是一个寻求问题、解决问题的过程。图解分析的过程就是一种创造性思维的过程，通过分析、优选、对比，反复地利用图解方式进行比较，从而使设计不断地推进。也就是说，图解思考完成的信息循环越多，最后的结果就越完美。因此图解分析促进了创造性思维的发展，是现代室内设计最佳的思维表现方式。

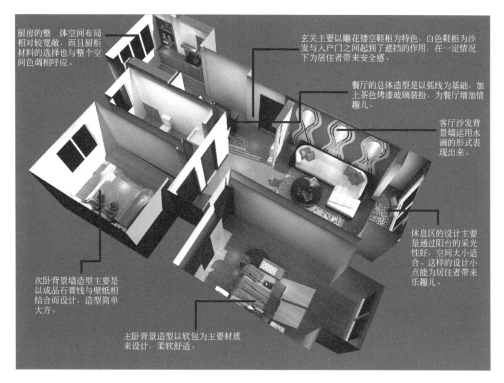

厨房的整 体空间布局相对较宽敞，而且厨柜材料的选择也与整个空间色调相呼应。

玄关主要以雕花镂空鞋柜为特色，白色鞋柜为沙发与入户门之间起到了遮挡的作用，在一定情况下为居住者带来安全感。

餐厅的总体造型是以弧线为基础，加上茶色烤漆玻璃装扮，为餐厅增加情趣儿。

客厅沙发背景墙运用水滴的形式表现出来。

休息区的设计主要是通过阳台的采光性好，空间大小适合。这样的设计小点能为居住者带来乐趣儿。

次卧背景墙造型主要是以成品石膏线与壁纸相结合而设计，造型简单大方。

主卧背景造型以软包为主要材质来设计，柔软舒适。

> 图2-8　轴测图

别墅设计

主卧室

主卧室背景墙

主卧室一

主卧室二

> 图2-9　效果图（1）

客厅效果图

客厅效果图二

客厅效果图三

客厅效果图一

> 图2-10　效果图（2）

效果图

主卫生间

楼梯间

书房

> 图2-11　效果图（3）

> 图2-12　草图（1）

> 图2-13　草图（2）

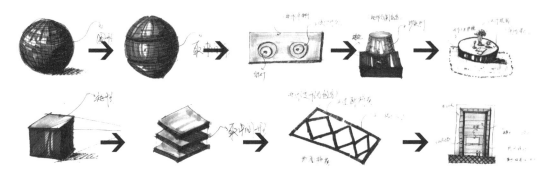

> 图2-14 透视图解

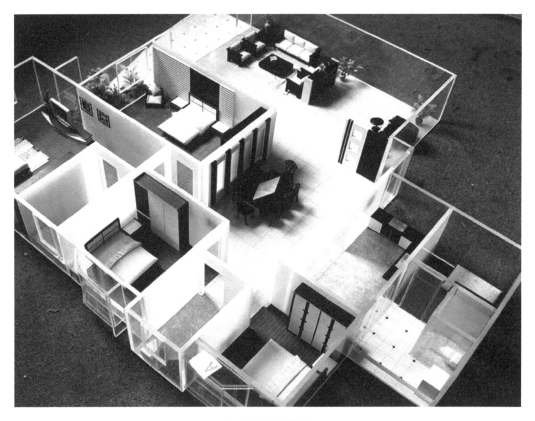

> 图2-15 模型

课题训练

1.在设计过程中,有哪几种图解方式?试着在一个小设计课题里应用某几种图解方式。

2.设计前的调查研究需要特别注意一些什么问题?

3.平面规划设计中,要实现哪几个目的,在自己的设计方案中逐一对应,达到了几项?

居住空间设计
Residential space design

Chapter 3

第三章　居住空间组织与界面处理

居住空间组织主要是进行空间平面布置，首先需要对原有建筑的意图充分理解，对建筑物的总体布局、功能分析、人员流动及结构体系等有深入的了解，在居住设计时对居住空间的布置予以完善、调整或再创造。

现代居住空间组织需要满足人们的生理、心理等要求，要综合地处理人与环境、人际交往等多项关系，需要在为人服务的前提下，综合解决使用功能、经济效益、舒适美观、环境氛围等种种要求。

居室界面处理是指对居室内空间的各个围合面底面（地面）、侧面（墙面、隔断）和顶面（天面）的使用功能和特点的分析，界面的形状、图形线脚、肌理构成的设计，以及界面和结构构件的连接构造，界面和水、电等管线设施的协调配合等方面的设计。

第一节　居住空间组织

一、居住空间的概念

居住空间，就是居室的物质——人、人的运动、家具器具、环境物态等存在的客观形式，由居室界面（墙面、地面、顶面）的长度、宽度、高度将空间在地表大气空间中划分、限定出来。居住空间是人类赖以生存的保护性设施，是完全区别于自然环境的，同时也是人类工作、生活和学习的必需品。它不仅能反映人们的生活特征，还制约着人和社会的各种活动，制约着人和社会的观念和行为。此外，居住空间受社会、经济、功能、技术、宗教以及审美因素的影响，因此组合好居室室内空间是良好工作和生活的重要保障。

二、居住空间功能

居住空间功能包括物质功能和精神功能。

（一）物质功能

指使用方面的要求，如空间的面积、大小、形状、合适的家具、合理的设备布置，并要求使用方便，节约空间，具有疏散、消防、安全等措施，并能科学地创造良好的采光、照明、通风、隔热、隔音等物理环境。

（二）精神功能

指在物质功能的基础上，在满足物质需求的同时，从人的文化、心理需求出发的功能。如人的爱好、愿望、意志，审美情趣、民族文化、民族象征、民族风格等，并能充分体现在空间形式的处理和空间形象的塑造上，使人们获得精神上的满足和美的享受。因此，空间设计的美感包括形式美和意境美，而这两者在对居住空间的分隔与组合过程中都有所体现。

三、居住空间类型

居住空间的类型随着时代的发展而变化，下面介绍几种常见类型。

（一）封闭空间

指由室内空间上下和四周各方位的界面严密围合而形成的空间，具有内向性、封闭性、私密性以及拒绝性的特点，给人以很强的领域感和安全感，与周围环境的关系较小。但是有时室内空气不流通，有害气体不能及时排除，对人身体不利。

（二）开敞空间

在封闭空间基础上，选择景观、通风良好和不受或少受环境干扰的一两个方位，将该方向界面完全取消，使室内空间完全向该方位的环境敞开，这样形成的室内空间称为开敞空间。

开敞空间是外向性的，限定性和私密性较小，强调与周围环境的交流渗透，讲究与自然环境的融合。在视觉上，空间要大一些；在人的心理上，表现为开朗、活泼，具有接纳性。

开敞空间一般用做室内外的过渡空间，有一定的流动性和趣味性，是开放心理对环境的一种需求。

（三）动态空间

主要针对空间的效果而言。动态空间可以引导人们从动态的角度对周围的环境以及景物进行观察，把人们带到一个多维度的空间之中，具有物理和心理的动态效果。

在动态空间的室内，人们的活动范围和人的视觉感官与在封闭空间相比，有很大的拓展性，从而人们的身心也在这类空间中得以舒展，空间之间的联系得到加强。但是在这类空间中人们活动时的互相干扰较大，功能处理较复杂。

（四）静态空间

指通过饰面、景物、陈设营造的静态环境空间。静态空间一般限定性、私密性比较强，趋于封闭，多为极端式空间。其构成也比较单一，视觉往往被引导在一个方向或落在一个点上，空间表现力非常清晰明确，一目了然。静态空间常给人以恬静、稳重的感觉，适用于客厅、卧室。

（五）虚拟空间

它不是实体空间，而是一种利用虚拟的手法创造的空间，更确切地讲是一种无形的空间感。

虚拟空间的作用表现在两个方面：首先是使用功能上的需要，在大空间之中开辟或划分小的空间，在不同的小空间形成各自不同的特点、格调、情趣和意境，具备各自不同的功能。其次是心理功能的需要，人在心理上需要其所处的空间有丰富的变化，甚至需要创造某种虚幻的境界以满足需求。

（六）固定空间

固定空间是由一种不变的界面围合而成，使用性质不变、位置固定、功能明确的空间，具有实体的、物理的特性。厨房、卫生间常常按固定空间处理。

（七）可变空间

可变空间与固定空间相反，为了适应不同使用功能的需要而改变空间形式，其属性具有可变的特征。因此常用灵活的分隔方式，用隔墙、隔断、家具把空间划分成不同的空间形式。

四、居住空间分隔利用

居住空间设计主要是靠对室内空间的组织来实现，即设计者根据房间的使用功能、特点、心理要求，利用平面或立体的分隔、设施或陈设的组合，划分出实用、合理又极富有灵感的空间来。分隔可分为实体分隔利用与虚拟分隔两种。

（一）实体分隔利用

可用隔墙、家具、屏风、帷幔等实物进行分隔利用。小面积居室分隔应尽量少用砖隔断，而使用家具进行分隔布置。如用书架、组合柜来隔断卧室与客厅的空间。还可用落地罩、博古架来进行分隔。博古架透空，陈列的古玩两侧均可欣赏，这是一种工艺性很强的隔断。屏风多用于宾馆，用镂空式、透明或半透明的屏风来分隔小居室，既能起到分隔空间的作用，又能使室内灵活多变，增加室内空间的层次感，丰富生活，美化环境。

在分隔时还常遇到这样的情况：有时需要全部封闭，有时又不需要分隔，比如较大的孩子与父母同居一室，睡眠时需全部封闭，白天则不必分隔。这就要采取灵活多变的办法，比如用帷幔或用屏风来分隔，用时可拉开，不用时则合拢。安装于墙壁上的活动折叠隔断也是一种可开可合、方便灵活的分隔空间手段，只是安装时相对比较麻烦。

（二）虚拟分隔

虚拟分隔用实物以外的其他因素给人造成一种不同空间的感觉。

适当地抬高或下降地面可以虚拟分隔空间。比如在卧室中造一个地台，上面放床，就很自然地将之与化妆区、贮物区等分隔开。

适当地改变顶棚高度也可以虚拟分隔空间。将同一居室顶棚装修为不同高度可以划分不同功能区。顶棚、墙面、地面用不同的质地、色彩、图案的材料装修也能起到分隔的效果。比如在起居室沙发前铺一块地毯就可以形成一个会客区而与其他功能区分开。

光和影也可以虚拟分隔空间。若把一束光投照到房间一角，使它与房间整体光线明暗有显著差别，这一角就形成了一个新空间。

空间的虚拟划分更为灵活。一个多功能的居室如果进行实体划分，将它们一一割裂，空间会非常琐碎也会失去融和的生活气氛。如进行虚拟划分，便可形成功能既有区分又融为一体的居室。这样的居室设计会更有整体感，生活气氛也显得更为融洽。

当然，居室究竟怎样分隔还要由家庭成员的情况、对居室的功能要求、居室实际状况等来决定。比较合理的是采用虚实结合的手法进行合理的分隔和利用空间。

五、空间处理技巧

空间的内涵非常丰富，我们重点从居住空间设计时经常会遇到的几个问题来阐述空间的处理技巧。可参照图3-1所示加以理解。

> 图3-1 居住空间设计

（一）空间的合理利用

有效地利用空间非常重要，而考虑节省空间的角度也有很多，具体如下。

① 合理规划室内空间的活动路线；

② 根据空间的使用频率划分空间比例，可以将不常使用的空间与其他空间结合；

③ 减少同一空间内功能重复，增加室内家具的多功能性；

④ 消除狭长通道或是增进通道空间运用；

⑤ 改变门的位置和方向来增加空间的利用率等。

（二）调节空间感

空间的大小不完全在于面积，在减少杂乱并合理规划空间的基础上，通过一些恰当的设计手法可以增加小空间的开阔感，常用手法如下。

① 选择淡的、会使空间显得大些的冷色调。

② 减少家具和配饰的数量。

③ 把大型家具置于靠墙处与墙平行，免得这些家具把室内空间切割或瓜分成小块，从而对开敞的空间造成影响。

④ 增加房间门的高度，使得天花板高度看起来有增高的效果；墙与天花板颜色相同也会让天花板有增高的感觉。

⑤ 不做踢脚板、向上打光的立灯，将窗帘做得比窗户高也能够得到增高效果。

⑥ 善用玻璃与镜子可以增加空间的穿透性，从而延伸空间。

⑦ 室内用色简单、灯光明亮，同时把迎窗墙面涂上较深的颜色，使其"强退"，则房间的进深显得大些。

⑧ 把室内地面的做法向室外延伸，可以扩大室内空间感，并与室外加强沟通。

⑨ 在墙面上悬挂表现外景的大幅装饰画，可使狭窄的过道显得开阔。

⑩ 在封闭的空间中设一灯窗，可减弱闭塞感。

⑪ 通过把墙面的上部涂成与顶部相同的深色，或者用悬空的线性构架吊顶，以及用大尺度的图案装饰空间等很多方法营造空间的高大空旷感，让空间看上去亲切宜人。如图3-2～图3-4所示。

（三）延伸空间

空间的概念不局限在固定的三维空间当中，人们总是在活动中感受空间。设计师应避免平面化地处理空间，通过造型、色彩、材质的暗示和使用功能的延伸，扩展空间的内涵，更好地形成空间从形式到内容的完整性。比如，尽量多显露一些地板，其办法是选择与地板间留有一定空隙的家具（有腿或固定在墙上的家具）；使用镜子，使人产生空间的深度感。如图3-5所示。

> 图3-2　扩大空间的设计（1）

> 图3-3　扩大空间的设计（2）

> 图3-4　扩大空间的设计（3）　　　　　　　　> 图3-5　延伸空间的设计

第二节　空间的序列

　　空间的序列设计就是处理空间的动态关系，因为空间基本上是由一个物质同感觉它的人之间产生的一种相互关系。空间以人为中心，人在空间中处于运动状态，并在运动中感受、体验空间的存在序列。这种序列是人在空间环境中先后活动的顺序关系；是设计师按建筑功能给予合理组织的空间组合；是大小空间、主空间和辅空间的穿插组合；是设计师根据建筑的物质功能和精神功能的需求，运用各种建筑符号进行创作的主题。

一、空间序列过程

　　序列的全过程，一般可以分为下列几个阶段。

（一）起始阶段

　　这个阶段为序列的开端，开端给人的第一印象在任何时间艺术中无不予以充分重视，因为它与预示着将要展开的心理推测有着习惯性的联系。一般说来，具有足够的吸引力和良好的第一印象是起始阶段考虑的核心问题。

（二）过渡阶段

　　它既是起始后的阶段，又是出现高潮阶段的前奏，在序列中，起到承前启后、继往开来的作用，是序列中关键的一环。人既有迎接高潮前的急切，又有等候中的压抑，心理充满矛盾，需要获得一定的抚慰和调节，因而在过渡阶段可考虑在空间处理上体现关怀，手法上给予温馨的表达。

（三）高潮阶段

高潮阶段是全序列的中心，从某种意义上说，其他各个阶段都是为高潮的出现服务的，因此序列中的高潮常是精华和目的的所在，也是序列艺术的最高体现。人在此时达到感官和心灵刺激的最大限度，使期盼得到满足，使情绪激发达到顶点。把高潮处理成全部序列艺术的中心，是室内环境精华所在。

（四）终结阶段

由高潮恢复到正常状态是终结阶段的主要任务，它虽然没有高潮阶段那么显要，但也是必不可少的组成部分。通常以平淡手法简单处理来对待。

二、空间序列设计的手法

（一）导向性

采用导向的手法是空间序列设计的基本手法，它以建筑处理手法引导人们行动的方向，让人们进入该空间，就会随着建筑物空间位置自然而然地随其行动，从而实现建筑物的物质功能和精神功能。诸如装饰灯具、绿化组合、天棚及地面上的彩带图案、线条等的强化导向，所有这些都暗示和引导着人们行动的方向和注意力。

（二）视觉中心的安排

在一定范围内引起人们注意的目的物称为视觉中心。视觉中心一般以具有强烈装饰趣味的物件作为标志，它既有欣赏价值，又能在空间上起到一定的引导作用。

（三）空间环境构成的多样与统一

空间序列的构思是通过若干相联系的空间，构成彼此有机联系、前后连续的空间环境。中国园林"山穷水复""柳暗花明""迂回曲折""豁然开朗"等空间处理手法，都是采用过渡空间将若干个相对独立的空间有机联系起来并将视线引向高潮的。

第三节　居住空间的界面设计

居住空间室内界面，即围合成室内空间的底面（地面）、墙面（隔断）和顶面（吊顶）。人们使用和感受室内空间，但通常直接看到甚至触摸到的则为界面实体。从室内设计的整体观念出发，我们必须把空间与界面、"虚无"与实体，有机地结合在一起来分析和对待。但是在具体的设计进程中，不同阶段也可以各具重点。例如在室内空间平面布局基本确定以后，对界面实体的设计就显得非常突出。室内界面的设计，既有功能技术要求，也有造型和美观要求。作为材料实体的界面设计，包括界面的线形和色彩设计、界面的材质选用和构造问题等。此外，现代室内环境的界面设计还需要与房屋室内的设施、设备进行周密的协调。例如界面与风管尺寸及出、回风口的位置；界面与嵌入灯具或灯槽的设置以及界面与消防喷淋、报警、通信、音响、监控等设施的接口的关系也需重视。

一、居室界面的作用

居室界面在室内空间中有特殊作用，它创造了室内使用空间。但是界面由于所处位置、作用不同，有着不同的使用性质和功能特点。

室内地面主要起承重作用。

墙面起划分空间、围合和保暖作用。

顶棚起保暖、防止雨水或划分垂直方向空间的作用，也起承载一些悬挂物的作用等。

二、界面的基本要求

由于界面的位置和所起的作用不同，对界面的要求也不同。

（一）稳定性和耐久性

稳定性指在任何气候环境下，界面技术性能不变；耐久性指长期正常使用下，不被损失或自然损坏。

（二）耐燃性和防火性

应根据国家相关规定选择相应防火等级材料。

（三）美观装饰性

界面能营造愉悦的生活环境，这也是室内装饰的基本要求。

（四）易于加工装饰性

界面材料是现场按具体尺寸加工安装的，材料在加工过程中必须注重选择易于切割、拼接的材料。

（五）对人体无毒害

现在装修材料多是合成化学产品，有一定的挥发性，因而各项指标不能超过国家规定。

（六）必要的保温隔热、隔声吸声性能

界面在使用期用于维持室内的物理环境，所以应具备必要的保湿隔热、隔声吸声特性。

（七）相应经济性

装饰装修是一项大众化的业务，界面装饰材料价廉物美才能在市场中生存。

三、各类界面的功能特点

底面（地面）：人要在上面直接行走和长时间直接接触，所以必须耐磨、防滑、易清洁、防静电。

侧面（墙面、隔断）：阻挡视线，需满足较高的隔声、吸声、保暖、隔热的要求。

顶面（天面）：质轻、光反射率高，需满足较高的隔声、吸声、保暖、隔热的要求。

四、界面设计六个原则

界面处理要求对界面质、形、色协调统一，尤其是对居住空间的营造产生重要影响的因素，如布局、构图、意境、风格等。

居住空间室内界面设计既有功能技术要求，也有造型和美观要求。作为材料实体的界面，涉及界面的材质选用，界面的形状、图形线角、肌理构成的设计，以及界面和结构构件的连接构造，风、水、电等管线设施的协调配合等方面的设计。

基于以上概念，居住空间界面处理需遵循六个原则，即"功能、造型、材料、实用、协调、更新"。

（一）功能原则——技术

当代著名建筑大师贝聿铭有这样一段表述："建筑是人用的，空间、广场是人进去的，是供人享用的，要关心人，要为使用者着想。"使用功能的满足必然成为居住空间设计的第一原则，且需要由不同界面设计满足其不同的功能需要。例如起居室功能是会客、娱乐等，其主墙界面设计要满足这样的功能。

（二）造型原则——美感

居室界面设计的造型表现占很大的比重。其构造组合、结构方式使得每一个最细微的建筑部件都可作为独立的装饰对象。例如门、墙、檐、天棚、栏杆等都可以做出各具特色的界面和结构装饰。

（三）材料原则——质感

居住空间的不同界面不同部位选择不同的材料，借此来求得质感上的对比与衬托，从而更好地体现居室设计的风格。例如界面质感的丰富与简洁、粗犷与细腻，都是在比较中存在，在对比中得到体现的。

（四）实用原则——经济

从实用的角度去思考界面处理在材料、工艺等方面的造价要求。例如，在餐厅界面设计中，选用经济实用的地板砖材料也是衡量其实用性的一个依据。

（五）协调原则——配合

起居室顶面设计中重要的是必须与空调、消防、照明等有关设施工种密切配合，尽可能使吊顶上部各类管线协调配置。

（六）更新原则——时尚

21世纪居住空间消费趋势呈现出"自我风格"与"后现代"设计局面，具有鲜明的时代感，讲究"时尚"。在这种情况下，传统的装饰材料被无污染、质地和性能更好、更新颖美观的装饰材料取代。

五、居住空间界面设计的思考

（一）天面

基于界面设计的六个原则，引申出对居室天面、墙面、地面设计的一些思考。天面与地面是室内空间中相互呼应的两个面。作为建筑元素，天面在空间中扮演了一个非常重要的角色。首先它的高度决定空间尺度，直接影响人们对室内空间的视觉感受。不同功能的空间都有对天面尺度的要求，尺度的不同，空间的视觉和心理效果也截然不同。同样，天面上有平面的落差处理，也有空间区域的区分作用和效果。天地之间是墙，因此高度由天面所决定，所以在进行室内设计过程中，天面总是在墙面之前要考虑的问题。如图3-6、图3-7所示。

> 图3-6　精心设计的天面（1）

> 图3-7　精心设计的天面（2）

（二）墙面（隔断）

墙是建筑空间中的基本元素，有建筑构造的承重作用和建筑空间的围隔作用。与其他建筑元素不同，墙的功能很多，而且构成自由度大，可以有不同的形态，如直、弧、曲等，也可以由不同材料构成（有机的、无机的）。因此在建筑空间里，设计师对墙的表现最为自由，甚至随心所欲。

墙与柱一样也有天地界面，有墙头墙脚之分。在空间中墙的尺度由天面和地面的尺寸决定，墙与天面和地面有不可分割的联系。墙开洞而造成门窗，因此墙与空间中的门窗也有密切的关系。

不同功能空间对墙的要求不同，使得墙的构成千姿百态，这就丰富了建筑空间，因此墙成为设计师创造理想空间的重要元素。

墙的形态随着建筑技术和手段的进步而丰富多彩，虚实、色彩、质地、光线、装饰等种种变化，都可以使墙的形态发生变化。因此，墙的表现有助室内情调与氛围的造就。墙是设计师室内造型表现的重要角色，正因为如此，在居室空间设计中，应该把墙的表现与空间设施装置的形态与色彩联系起来，将主墙的表现融入整体设计之中。如图3-8～图3-10所示。

> 图3-8　墙面设计（1）　　　　> 图3-9　墙面设计（2）　　　　> 图3-10　墙面设计（3）

（三）地面

地面色彩是影响整个空间色彩主调和谐与否的重要因素，地面色彩的轻重、图案的造型与布局，直接影响室内空间视觉效果。在居住空间设计上，既要充分考虑色彩构成的因素，同时还要考虑地面材质的吸光与反光作用。地面拼花要根据不同环境要求而设定，通常情况下色彩构成要素越简单、整体效果越好。拼花要求加工方法单纯明快，符合人们的视觉心理，避免视觉疲劳。因此在进行地面设计时，必须综合考虑多种因素，顾及空间、凹凸、材质、色彩、图形，肌理等关系。如图3-11～图3-13所示。

> 图3-11　地面设计（1）　　　　> 图3-12　地面设计（2）　　　　> 图3-13　地面设计（3）

六、界面装饰材料选用

（一）界面装饰材料选用原则

材料选用直接影响室内设计整体的实用性、经济性、环境气氛和美观度等。设计人员应熟悉材料质地、性能、特点，了解材料价格、施工操作工艺的要求，善于和精于运用当今先进的物质技术手段，为实现设计构思创造坚实的基础。界面装饰材料的选用原则如下。

① 适应室内使用空间的功能性质。

② 适合建筑装饰的相应部位。

③ 符合更新的、时尚的发展需要。

概括地讲，界面装饰材料的选用，除了考虑便于安装、施工和更新外，还应注意要"精心设计、巧于用材、精选优材、一般材质新用"。

（二）界面材料的选用

界面主要是墙面、地面、顶面、各种隔断，它们有各自的功能和结构特点。不同界面的艺术处理和材料的应用都是对形、色、光、质等造型因素的恰当配置与表现。

地面是以存在的周界限定一个生存的场所，可配实木、石材、瓷砖等地板。实木地板，体现自然纯朴、温暖和舒适感；石材地板体现稳重、光泽、庄严感、清凉感；瓷砖地面质感致密、光影强、平整光滑、图案丰富。

天面在人的上方，它对空间的影响要比地面更为显著。材料用夹板、石膏板，金属板，铝塑板等，在使用材料的同时，应考虑到天花内部的通风、电气线路、灯具、空调管、烟道、喷淋等设施。

对于墙面，应处理好形状、质感、材料、纹样和色彩等因素之间的关系。同时对墙面做适当选材处理，使其成为从视觉上分割空间的方法之一。如玻璃镜面在墙面上起到拓展空间的视觉效果；若用装饰面板贴墙，不同花纹的装饰面板，能够产生不同的空间艺术效果。

隔断所使用的材料包括实木夹板、合金铝材、玻璃、不锈钢面材和管材、大理石面材、高密度复合板材，另外还可用可以飘动的各种纤维垂帘等。

七、界面设计应用

（一）客厅界面设计

1.地面

> 图3-14　客厅地面设计

地面设计是为了便于行走及布置座位。对其处理时，要考虑安全、安静、防寒及美观等要求。因此，客厅空间宜采用木地板或地毯等具有亲切感的装饰材料，有时也可采用硬质的石材，组成有各种色彩和图案的区域来限定和美化空间。虽然木地板和软质地面有吸声的功效，并给人以柔和温暖的感觉，对兼有视听功能要求的客厅较为有利，但软质地面不易清洁保养，如图3-14所示。

2.墙面

客厅内的墙面一般为建筑围护构件本身，如砖墙、钢筋混凝土板。目前的装饰都在此基层上进行，面层常用人造涂料、乳胶漆等耐磨和易洗的材料。其次是墙纸，可以遮盖裂痕和瑕疵，常选用有简单的色彩和纹理的材料，如凹凸墙纸。凹凸墙纸和本身粗糙的麻布墙纸对覆盖不平整墙面更有效果。软木饰也是一种耐用的壁饰，可保温、能吸音，但价格较昂贵，如图3-15～图3-16所示。

> 图3-15　客厅墙面设计（1）

> 图3-16　客厅墙面设计（2）

3.顶面

天花板对房间的温度、声学、照明都有影响，选择时更应注意。如高天花显得冷，低天花显得暖，白色天花使室内得到更多的反射，吊顶天棚有利于更好地隔声。此外，天花由于其不会被遮盖，可以发挥更好的装饰效果。如图3-17所示。

（二）卧室界面设计

1.地面

卧室的地面应具备保暖性，常采用中性或暖色色调，一般常采用木地板、地毯或玻化砖等材料，并在适当位置辅以块毯等饰物，如图3-18～图3-19所示。

> 图3-17　客厅顶面设计

> 图3-18　卧室地面设计（1）

> 图3-19　卧室地面设计（2）

2.墙面

卧室的墙面多宜采用乳胶漆、壁纸（布）等材质，色彩及图案则根据年龄及个人喜好来定，一般针对年轻人的多以艳丽活泼的纯色系为主，年龄稍长的则以深色基调为多，如咖啡色、胡桃木色等，如图3-20、图3-21所示。

> 图3-20 卧室墙面设计（1）

> 图3-21 卧室墙面设计（2）

3.顶面

吊顶的形状、色彩是卧室设计的重点之一，宜用乳胶漆、墙纸（布）或局部吊顶。一般以直线条及简洁、淡雅、温馨的暖色系列或白色顶面为设计首选，很少再做复杂的吊顶造型。如图3-22、图3-23所示。

> 图3-22 卧室顶面设计（1）

> 图3-23 卧室顶面设计（2）

（三）餐厅界面设计

1.地面

较之其他的空间，餐厅的地面可以有更加丰富的变化。可选用的材料有石材、地砖、木地板、水磨石等。而且地面的图案样式也可以有更多的选择，可以是均衡的、对称的、不规则的等，应当根据设计的主体设想来把握材料的选择和图案的形式。为便于清洁，地面材料应有一定防水和防油污的特性，做法上也要考虑灰尘不易附着于构造缝之间，否则不易清除。如图3-24、图3-25所示。

2.墙面

餐厅墙面的装饰除了要依据餐厅和居室整体环境相协调的原则以外，还要考虑到它的实用功能和美化效果。一般来讲，餐厅较之卧室、书房等空间要轻松活泼一些，并且要注意营造出一种温馨的气氛。餐厅墙面的装饰手法多种多样，但墙面的装饰要突出个性，要突出不同材料质地、肌理的变化，以便给人带来不同的感受。如显露天然纹理的原木会透露出自然淳朴的气息；金属和皮革的巧妙配合会表现强烈的时代感；白色的石材或涂料配以金饰会表现出华丽的风采。餐厅墙面的饰物也可调节室内环境气氛，但不可盲目堆砌，要根据餐厅的具体情况灵活安排，可做点缀，但不能喧宾夺主，杂乱无章。如图3-26、图3-27所示。

> 图3-24 餐厅地面设计（1）

> 图3-25 餐厅地面设计（2）

> 图3-26 餐厅墙面设计（1）

3.顶面

餐厅的顶面设计往往比较丰富而且讲求对称，其几何中心对应的位置是餐桌，因为餐厅无论在中国还是在西方，无论是圆桌还是方桌，就餐者均围绕餐桌而坐，从而形成了一个无形的中心环境。由于人是坐着就餐，所以就餐活动所需要的房间层高不必太高，这样设计师就可以借吊顶的变化丰富餐厅环境，同时也可以用暗槽灯的形式来创造气氛。顶面的造型并非一律要求对称，但即便不是对称的，其几何中心也应位于用餐中心位置，因为这样处理有利于空间的秩序化。顶面是餐厅照明光源的主要载体，可以创造就餐的环境氛围。如图3-28、图3-29所示。

> 图3-27 餐厅墙面设计（2）

> 图3-28 餐厅顶面设计（1）

> 图3-29 餐厅顶面设

课题训练

1.谈谈你对室内空间概念的理解。

2.如何减少低矮空间的压抑感？

3.谈谈居住空间中的界面设计。

居住空间设计
Residential space design

Chapter 4

第四章　居住空间的设计要素

第一节　居住空间的光环境

光作为人与空间的主要媒介，具有物理、生理、心理、美学等综合作用，也是构成视觉美学的基本因素。在自然光不能满足居住活动需要和更好地营造空间艺术氛围的情况下，室内照明便成为居住空间设计的主要内容。居住空间设计中应充分利用光环境（自然照明和人工照明），提供高质量的照明，满足人们的生活。如图4-1、图4-2所示。

> 图4-1　居住空间的光设计（1）　　　　　> 图4-2　居住空间的光设计（2）

光是营造家居气氛的魔术师，它不但使家居气氛格外温馨，还有增加空间层次、增强室内装饰艺术效果和增添生活情趣等功能。在居住空间的光环境设计中，室内照明设计有其独特之处，人们通常都希望在住宅照明中塑造出个性化的效果。

一、光在设计中的作用

光是居室设计的重要组成部分，没有足够的光线我们就看不清室内的任何物体，不能正常地进行各种活动。照明的目的既是为了满足实用功能的要求，又是为了满足精神功能的需求，其主要作用如下。

（一）参与空间组织

首先可以形成不同的虚拟空间。因为不同的照明方式、灯具类型，能够使区域具有相对的独立性，成为若干个虚拟空间。其次可以改善空间。不同照明方式、不同灯具和不同的灯光色彩，可以使空间感在一定程度上有所改变。最后能起导向作用，即通过灯具的配置，把人们的注意力引向既定的目标或使人行进于既定的路线上。

（二）提供视觉条件

居住空间光环境的好坏，可以帮助也可以妨碍视觉器官的工作。首先，它可以通过对照度的改变和对眩光的控制来改变视觉系统的工作条件。其次它还能直接影响作业的效能。如过强的眩光可能分散人的注意力，甚至成为事故的隐患；而合理的照度及光色可以令人兴奋，进而使工作效率得以提高等。

（三）渲染空间氛围

氛围与照明联系紧密。某些构件、陈设、植物等在特定灯光的照射下，能够出现富有魅力的阴影，丰富空间层次，增加物体的立体感。居住空间设计如果能够熟练驾驭灯光，利用"光、色、彩"的魅力，很容易创造出一定的氛围和意境。

（四）体现环境特点

灯具都有具体的形状，不同国家、不同地域、不同时期的灯具差异很大，因此，通过灯具还可以比较具体的展现室内环境的民族性、地域性和时代性。

光还可被"裁剪"成各种形状，或点、或线、或面。光的边缘则可虚可实，如居室的门厅较为狭长，为了不使大门或客厅之间的连接看上去低矮、狭窄、冗长、弱暗，设计师可以通过大量用光，将其设计成一个"光的环境"。

此外，光影能强化有质感肌理的材料的表现效果，有时还会得到意想不到的收获，如光与彩色玻璃的配合几乎可使任何色彩和花纹都表现出其绚丽多彩的装饰效果。

二、照明的种类

（一）基础照明

基础照明是指安装在天花板中央的如吸顶灯、吊灯或带扩散格栅的荧光灯等照亮大范围空间环境的一般照明，照明要求明亮、舒适、照度均匀、无眩光等，也称作全局照明。照明方式不仅可采用直接照明方式，也可采用间接方式。在天花板和墙间设置光线向下照射的称为檐口照明，采用立柱形落地灯光线向上照射的称为反射式间接照明等。如图4-3、图4-4所示。

> 图4-3　基础照明设计（1）　　　　　　　> 图4-4　基础照明设计（2）

（二）局部照明

局部照明是在基础照明提供的全面照度的基础上，对需要较高明度的局部工作活动区域增加一系列的照明，如梳妆台、橱柜、书桌、床头等，有时也称为工作照明。如图4-5、图4-6所示。

> 图4-5 局部照明设计（1）　　　　　　　　> 图4-6 局部照明设计（2）

为了获得轻松而舒适的照明环境，使用局部照明时，要有足够的光线和合适的位置并避免眩光，活动区域和周围环境亮度应保持3：1的比例，不宜产生强烈的对比。

（三）重点照明

在居住空间环境中，根据设计需要对绘画、照片、雕塑和绿化等局部空间进行集中的光线照射，使之增加立体感或色彩鲜艳度。这种对重点部位进行的更加醒目的照明称之为重点照明。如图4-7、图4-8所示。

> 图4-7 重点照明设计（1）　　　　　　　　> 图4-8 重点照明设计（2）

重点照明常采用白炽灯、金属卤化物灯或低压卤钨灯等光源，灯具常以筒灯、射灯、方向射灯、壁灯等形式安装在远离墙壁的顶棚、墙、家具上，保持与基础照明照度5：1的比例，并形成独立的照明装置。对立面进行重点照明时，从照明装置至被照目标的中央点需要维持30°角，以避免物体反射眩光。

（四）装饰照明

装饰照明是利用照明装置的多样装饰效果特色，增加空间环境的韵味和活力并形成各种环境气氛和意境。装饰照明不止有纯粹装饰性作用，也可以兼顾功能性，要考虑灯具的造型、色彩、尺度、安装位置和艺术效果等，并注意节能。如图4-9、图4-10所示。

三、居室照明的方式

照明设计是通过光源和灯具的使用来实现的。正确认识并运用照明灯具对设计师进行合理的设计有很大的帮助。

（一）按散光方式分类

依据照明的散光方式，可将照明方式归纳为以下几种类型。

1. 直接照明

全部灯光或90%以上的灯光直接照射被照的物体称为直接照明。一般裸露的日光灯、白炽灯都属于这类照明。其优点是亮度大、立体感强，故常用于公共大厅或局部照明。而缺点是易产生眩光和阴影，容易使人视觉疲劳，不适宜视觉直接接触。在一般情况下，直接照明所选用的灯具必须是定向式照明灯具。

2. 间接照明

90%以上灯光照射在墙上或顶棚上再反射到被照明物体上称为间接照明。其照明特点是光线柔和、不刺眼，没有强烈的阴影，故常用于安静平和的客房、卧室等。暗设灯槽、平衡照明、檐板照明都属于此类。

3. 漫射照明

灯光射到上下左右的光线大体相等时，其照明方式便属于一般漫射方式。这种光较差，但光质柔和，避免眩光，多用于没有特殊要求的空间，例如走廊、楼梯间、门厅、过道等。

4. 半间接照明

大约60%以上灯光首先照射到墙和顶棚上，只有少量光线直接照射在被照物上称为半间接照明。这类灯具亮度虽然小，但整个房间的亮度均匀，阴影不明显，这类灯具的缺点是光照度损失较大。它适合于卧室、会议室和娱乐场所。

5. 半直接照明

60%的光线直接照射物体的表面或工作面，40%的光线透过半透明的灯罩射到天棚和墙面上，这样减少了受光面与环境的差别，又能满足从事一定活动的光照要求。半直接照明的灯光不刺眼，层次分明，光环境明暗对比不是很强。

> 图4-9 装饰照明设计（1）

> 图4-10 装饰照明设计（2）

（二）按布局方式分类

依灯具的布局方式，可将照明方式归纳为以下几种类型。

1.整体照明

一种为照亮整个空间场所而设置的照明。其特点是使用悬挂有棚面上的固定灯具进行照明，形成一个良好的水平面，在工作面上形成的光线照度均匀一致，照度面广适用于起居室、餐厅等空间的照明。

2.局部照明

一种专门为某个局部设置的照明。特点是照明集中，局部空间照度高，对于大空间不形成光扰，节电节能。如客厅、书房的台灯，卧室的床头，卫浴间的镜前灯等。

3.综合照明

整体照明与局部照明相结合就是综合照明。常见的综合照明，其实就是在一般照明的基础上，为需要提供更多光照的区域或景物增设强调它们的照明。

四、居室照明设计的基本原则

（一）舒适性

一是要有适宜的照度。从事不同活动的环境对照度的要求是不同的；不同的人即便从事同样的活动，对照度的要求也不同。二是要有合理的投光方向。从事不同的室内活动，不仅需要不同的照度，也要考虑投光的方向。三是要避免眩光的干扰。眩光是指在视野内亮度范围不适宜，在空间和时间上存在着极端的光亮对比，致使眼睛不舒服或明显降低可见度的视觉现象。为限制眩光，应尽量选择功率较小的电源。四是要有合理的亮度。舒适的光环境应有合理的亮度分布，真正需要明暗结合。

（二）艺术性

完美的照明设计从本质上说，是技术与艺术的高度统一。照明设计需要借助于光源、灯具、光色的交换。局部照明尽可能地配合好结构物、装饰物，从而使人感到有温馨宜人的空间气氛。

（三）统一性

居住空间设计总是追求某种艺术风格，不同风格的空间环境要求有与之相适应的照明形式。照明的形式、风格与各方面的因素有关，其中的光色起着很重要的作用，它能够烘托不同的艺术气氛。灯具的选择也很关键，适宜的灯具对室内整体风格能起到画龙点睛的作用。

（四）安全性

现代照明以电为能源，故线路、开关、灯具都要安全可靠。布线和电器设备要符合消防要求。

（五）节能性

照明主要是由电能转化而来的。因此节约照明用电也就是节约能源消耗。首先，要选取合理的照度值，做到该高就高、该低就低。其次，要采用合适的照明方式，在照度要求较高的地方，用混合照明。再次，要推广使用高光高效光源，采用高效率节能灯具。最后，实施照明控制，即采用可调控的照明。

（六）经济性

灯具照明并不是越多越好，关键是要科学合理。华而不实的灯饰非但不能锦上添花，反而画蛇添足，造成电力浪费。必须从灯具照明时间的长短等因素来考虑节约和节能的问题，在不影响使用功能和审美效果的前提下，尽量做到经济实惠。

五、各类型空间中的光环境

（一）玄关、通道

玄关给人的第一印象非常重要，光照应柔和明亮，因此，要使用艺术性较强和明度较高的灯具。在较为狭小的玄关和通道空间，可根据顶面造型暗装灯带，镶嵌射灯，设计别致的轨道灯或者简练的吊杆灯，也可以在墙壁上安装一盏或两盏造型独特的壁灯作为基本照明，为了减少空间的压抑感和提升空间的档次，也会采取透明或半透明玻璃吸顶灯和壁灯并用的照明方式。由于经常开关，玄关和通道照明光源常采用白炽灯，并设置定时或多联开关，以方便使用和节能。如图4-11、图4-12所示。

> 图4-11　玄关与通道照明设计（1）

（二）客厅

客厅是个多功能的活动场所，因此要设置灵活多变的多用途照明方式，并将全面照明、局部照明和装饰照明结合起来。灯的装饰性和照明要求应有利于创造热烈的气氛，使家人在日常的生活中，诸如阅读报纸、看电视、玩电脑时，能有恰当的照明条件，并且能使客人有宾至如归之感。如图4-13、图4-14所示。

> 图4-12　玄关与通道照明设计（2）

> 图4-13 客厅照明设计（1）　　　　　　　> 图4-14 客厅照明设计（2）

在艺术收藏品或其他体现主人兴趣和品位的局部空间采用少量装饰照明方式，可以以此增加空间的层次和愉悦感。为阅读学习活动提供照明，布置在沙发旁的台灯也是客厅照明的重要内容。

面积较大的客厅通常采用高亮度的花式吊灯照明，空间高度较高时采用链吊式或管吊式吊灯，空间高度低于2.7m时采用吸顶式吊灯。应当避免发生的情况是客厅的亮度过高，使户外、室内亮度对比太大，使室内的气氛显得生硬而不够热情。另外，常见的现象是客厅的照明偏冷并且缺少调光装置，这样的照明气氛下如果家具的颜色搭配不慎，很容易弱化家庭的温暖感。

（三）厨房

厨房是个高温和容易污染的环境，一般选用白炽灯作为光源和容易消污除垢的防尘型灯具，并吸顶式安装灯具，不宜采用线杆式或不耐高温的塑料制品吊灯。由于厨房的操作内容较多，需要较高的照度，通常把灯具嵌入安装在吊柜的下部设成局部照明，以满足备餐操作的照明需求。如图4-15、图4-16所示。

> 图4-15 厨房照明设计（1）　　　　　　　> 图4-16 厨房照明设计（2）

（四）餐厅

　　就餐的时间其实是一天中难得的令家庭团聚、其乐融融的时间，有利于身心的放松和增进家人的感情。因此，厨房餐厅的照明应有足够的亮度、适宜的色彩，不但要满足厨房的功能要求，还要满足人们对这种场合的心理需要。惬意而有吸引力的灯光能提高制作食物的热情，增强乐意融融的家庭气氛。

　　餐厅的照明方式主要是对餐台的局部照明，也是形成情调的视觉中心。照在台面区域的主光源宜选择下罩式的、多头型的或组合型的灯具，以达到餐厅氛围所需的明亮、柔和、自然的照度要求。在灯光处理上，最好在主光源周围布设一些低照度的辅助灯具，以丰富光线的层次，营造轻松愉快的气氛，起到烘托就餐环境的作用。如图4-17、图4-18所示。

> 图4-17　餐厅照明设计（1）　　　　　> 图4-18　餐厅照明设计（2）

　　随着吧台在家庭的普及，作为富有情趣的小酌休闲之处，应设筒灯、射灯或小吊灯作为照明。如图4-19所示。

（五）卧室

　　卧室照明以温馨的气氛为主，主要以暖色调为基调。可在装饰柜中嵌入筒灯，使室内更具浪漫舒适的温情。一般采用两种方式：一种是装有调光器或用电脑开关的灯具；另一种是室内安装多种灯具，分开关控制，并根据需要确定开灯的范围。

　　床头局部照明可以采用背景墙的嵌入式筒灯、床头柜上的台灯或落地式台灯照明。背景墙的筒灯可以照射墙面增加空间艺术气氛，又可为床头阅读学习照明；床头设台灯或落地灯的照明效果较好，灯具

> 图4-19　吧台照明设计

丰富了空间的物质形态，最佳的高度是灯罩的底部与人眼睛在一个水平线上。如图4-20、图4-21所示。

> 图4-20　卧室照明设计（1）　　> 图4-21　卧室照明设计（2）

梳妆要求光色、显色性较好的高照度照明，最好采用白炽灯或显色指数较高的荧光灯。所以梳妆台灯具最好采用光线柔和的漫射光灯具，所使用的光源显色性要好，以显出人的自然肤色。化妆灯应该采用方向性照明，灯具应放在镜子的两侧，不能放在上方，以免眼底出现阴影。

（六）书房

书房是人们学习、阅读的地方。因此书房既要有较高的照度值，又要有宁静的环境。书房内的灯具不能有任何刺激眼睛的眩光。书房照明应当处理好一般照明和局部照明的关系，如果因背景亮度太低而造成室内亮度对比过大，会使气氛压抑，并容易出现视觉疲劳。书房的主要功能是阅读、书写，需要柔和的光线，一般照明常可采用吸顶灯或吊灯等灯具。造型多样的台灯需要为工作学习提供局部照明；书房的书法、绘画、壁挂和装饰柜宜设置局部重点照明，嵌入式可调方向的投射筒灯或导轨式射灯照明可以衬托环境，营造空间环境的文化品位。如图4-22、图4-23所示。

> 图4-22　书房照明设计（1）　　> 图4-23　书房照明设计（2）

（七）卫生间

由于卫生间环境通常给人阴暗、潮湿的感觉，所以在照明设计时要力图运用光线去除这种感觉。通常采用吸顶或吸壁灯具，灯具玻璃为磨砂或乳白玻璃，最好选用发温暖黄色的光。在考虑其防潮的前提下与卧室梳妆做法相同。卫浴间水汽重，不具备防水性的灯具容易因为水汽入侵而出现故障。除主照明以外，镜子上方也可安装梳妆照明起到补光之用。如图4-24、图4-25所示。

> 图4-24 卫生间的照明设计（1）　　> 图4-25 卫生间的照明设计（2）

六、灯具的种类与选择

灯具布置不仅直接影响到室内环境气氛，而且会对人们的生理和心理产生影响。选择灯具不仅要注意外观与周围环境的搭配，还要注意色彩与整体的融合，充分体现空间的实用价值。只有空间布置更灵活与统一才会营造和谐的气氛。

（一）灯具的种类

1.按固定方法分类

吸顶灯：直接固定在顶棚上的灯具，连接体很小。这种灯的形式很多，包括带罩和不带罩的白炽灯，有罩和无罩的荧光灯。其占用空间高度小，故常用于高度较小的空间。

镶嵌灯：是直接镶嵌在顶棚上的，其下表面与顶棚的下表面基本相平。其优点是干净利落，不占空间高度，能有效地消除眩光，与吊顶结合能形成美观的装饰艺术效果，适用于较低的空间。

壁灯：是装在墙上或柱上的照明灯具，其作用是辅助照明或增加空间的层次作用，其特殊的安装位置是营造空间氛围的理想手段。常用于大厅、门厅、过厅和走廊的两侧，有时也专门设在梳妆镜的上方和床头的上方。

台灯：是每个家庭放在书桌、茶几、床头柜上的灯具，属于局部照明。它的形式和材料多种多样，有时还与各种艺术品相结合，具有一定的装饰效果。

立灯：又称落地灯，是一种属于局部照明的灯具，它常设置在沙发旁边或后面，也有的靠墙放置。多数立灯可以调节自身的高度和投光角度，主要用于客厅、书房，以作局部照明之用。

地脚灯：主要应用在客房、走廊、卧室等场所。主要作用是照明走道，便于行人行走。它的优点是避免刺眼的光线，特别是夜间起床开灯，不但可以减少灯光对自己的影响，同时还可以避免灯光对他人的影响。

2.按光源种类分类

可分为热辐射光源和气体放电光源两大类。气体放电光源一般比热辐射光源光效高、寿命长，能制成各种不同光色，在电气照明中应用日益广泛。热辐射光源结构简单、使用方便、显色性好，故在一般场所仍被普遍采用。

LED节能灯：普通节能灯后的新一代照明光源，是用高亮度白色发光二极管发光源，光效高、耗电少，寿命长、易控制、免维护、安全环保；也是新一代固体冷光源，光色柔和、艳丽、丰富多彩、低损耗、低能耗，绿色环保。缺点是价格相对较高。

白炽灯：是人们使用时间最久的一种照明灯具。它主要是通过钨丝加热而发光，其特点是体积小、亮度高、显色性好、安装方便、价格低。白炽灯的缺点是发热大、发光效率较低、使用寿命较短。能耗总量中只有15%左右可产生可见光，剩余能量以红外线的形式辐射出来。为了控制白炽灯的发光方向和变化，通常增加玻璃罩、漫射罩以及反射板、透镜和滤光镜等。

荧光灯：荧光灯是一种预热式低压贡蒸汽放电灯，其特点是管内充有惰性气体，管壁刷有荧光粉，管两端装有电极钨丝。通电后，低压贡蒸汽激发荧光粉放电，产生光源。荧光灯能够产生均匀的散射光，发光效率为白炽灯的1000倍。由于发光率高，光线柔和，炫光小，因此可以得到扩散光，不易产生物体阴影，可做成各种各样的光色和显色灯具。特别适用于高照度的全面照明以及不频繁启闭的场所。

其他的还有放电灯、霓虹灯等。

（二）居室灯具的选择

灯具除了满足照明的基本要求外，在室内也起着重要的装饰作用，因此在选择灯具时应符合室内空间的用途和格调，要同室内空间和形状相协调。如果房间的总体设计偏向于古朴典雅，则可尽量选用具有我国民族传统的各类灯具；如果房间的总体设计偏向于活泼明快，具有现代风格，则可以尽量选择在造型上线条明快简洁，并具有几何图案的各类灯具；对于豪华、富丽的古典装饰风格，可选择造型复杂、材料贵重的灯具。

此外灯具的选择还需要把整体照明、局部照明、综合照明考虑在内。如门厅、客厅可整体采用主光源，局部采用各种吊灯和落地灯组合照明。各式各样的水晶体挂在灯泡周围，灯光经过透明体的多次反射，光线变得柔和且无眩光，再配以大面积的暖色点光源照明，会显得热烈而华丽。在卧室中的照明设计中，采用混合照明方式，整体照明采用暖色调光源配置乳白色灯罩的间接照明，局部照明选用和家具基调和室内环境相协调的灯具。可选用台灯、落地灯、床头灯、壁灯，不仅可以增加室内光线的层次感，而且房间显得更加温文尔雅，使人感到最大的轻松感。在具有艺术性的同时，也应注重实用性。切不可为追求所谓的艺术效果，而忽略了实用功能；也不可只为追求灯具的高档豪华的外观，而忽视其光学性能和照明质量。

灯具的大小应当和居室面积以及家具规格的大小相适应。如果大房间中陈列的灯具太小或是小房间陈列的灯具太大，都会破坏整体布局的和谐。

第二节　居住空间设计的色彩运用

著名建筑设计大师柯布西耶说："颜色可以给人带来新天地，通过建筑物色彩的使用，可以激发人生理性最热烈的响应。"不同的色彩给人带来不同视觉上的冲击，进而给人带来特殊的心理状态和情绪，使人产生各种各样的情感和视觉感受。

居住空间设计中，色彩占有重要地位。如果空间形式、家具和陈设布置得再好，而无好的色彩表达，最终还是失败之作。如果空间形式、家具和陈设布置虽有些欠缺，却可以通过色彩处理得到弥补。在某种程度上可以说"得色彩者，得天下"。因此设计师必须重视室内色彩设计。

居住空间设计与色彩是紧密联系的，只有在符合色彩功能要求的原则下，才能充分发挥色彩在构图中的作用。

一、居住空间色彩的基本要求

（一）空间的使用目的

有不同使用目的的空间，如卧室、厨房、起居室，显然在考虑色彩的要求、性格的体现、气氛的形成上各不相同。

（二）空间的大小、形式

色彩可以按不同空间大小、形式来进一步强调或削弱。

（三）空间的方位

不同方位在自然光线作用下的色彩是不同的，冷暖感也有差别，因此，可利用色彩来进行调整。

（四）使用空间的人的类别

男女老幼对色彩的要求有很大的区别，色彩应适合居住者的爱好。

（五）使用者在空间内的活动及使用时间的长短

不同的活动与工作内容的空间要求不同的视线条件，以达到提高效率、安全性、舒适性的目的。长时间使用的房间的色彩对视觉的作用，应比短时间使用的房间强得多。色彩的色相、彩度对比的考虑也存在着差别，对长时间活动的空间，主要应考虑不产生视觉疲劳。

（六）该空间所处的周围情况

色彩和环境有密切的联系，尤其在室内，色彩的反射可以影响其他颜色。同时，不同的环境的色彩通过室外的自然景物也能反射到室内来，色彩还应与周围环境取得协调。

（七）使用者对于色彩的偏爱

一般来说，在符合原则的前提下，应该合理地满足不同使用者的爱好和个性，才能符合使用者的心理要求。

二、居室色彩设计原则和运用

（一）居室色彩设计原则

1.充分考虑功能要求

居住空间的色彩主要满足功能和精神要求，目的在于使人们感到舒适。在功能要求方面，首先应认真分析每一个空间的使用性质，如餐饮空间、娱乐空间等，由于使用对象和使用功能的明显差异，空间色彩的设计也就完全不同。

居住空间对人们的生活而言，往往是一个长久性的概念，它的色彩在某些方面直接影响人的生活。室内空间可以利用色彩的明暗度来创造气氛。使用高明度色彩可获得光彩夺目的室内空间气氛；使用低明度的色彩和较暗的灯光来装饰，则给人一种"隐私性"和温馨之感。通常使用纯度较低的各种灰色可以获得一种安静、柔和、舒适的空间气氛。而纯度较高的鲜艳色彩则可获得一种欢快、活泼与愉快的空间气氛。

2.力求符合空间的需要

居住空间的色彩配置必须符合空间构图原则，充分发挥室内色彩对空间的美化作用，正确处理协调和对比、统一与变化、主体与背景的关系。

在色彩设计时，首先要定好空间色彩的主色调。色彩的主色调在室内气氛中起主导作用。室内色彩主色调的形成因素很多，主要的有色彩的明度、色度、纯度和对比度。其次要处理好统一与变化的关系，有统一而无变化，达不到美的效果，因此，要求在统一的基础上求变化，这样容易取得良好的效果。大面积的色块不采用过分鲜艳的色彩，小面积的色块要适当提高色彩的明度和纯度。此外，居住空间的色彩设计要体现稳定感、韵律感和节奏感。为了达到色彩的稳定感，常采用上轻下重的色彩关系，居住空间色彩的起伏变化应形成空间韵律和节奏感，注重色彩的规律性，切忌杂乱无章。

3.利用室内色彩，改善空间效果

充分利用色彩的物理性和色彩对人心理的影响，可在一定程度上改变空间尺度、比例，

分隔、渗透空间，改善空间的效果。如：居住空间过渡时，可用近感色，提高亲切感；墙面过大时，宜采用收缩色；柱子过小宜用浅色，柱子过粗时，宜用深色，减弱笨粗之感。

4.注意使用空间的人群类别及个人偏爱

符合多数人的审美要求是室内设计的基本规律，但对于不同民族来说，由于生活习惯、文化传统和历史沿革不同，其审美要求也不相同。另外，老人、小孩、青年，对色彩的要求也有很大的区别，色彩应适合居住者的爱好。一般来说，在符合原则的前提下，应该合理地满足不同使用者的爱好和个性，才能符合使用者的心理要求。

（二）居室主要空间色彩运用

居住空间的色彩力求和谐统一，通常使用两种以上颜色进行组合搭配，显示色彩的和谐美。室内色彩的选择要根据主人的年龄、兴趣和爱好等诸多因素来决定。室内空间的功能不同，色彩配置也不一样。

1.门厅

门厅是内外部的交接点，也是迎送客人的通道。它的风格应该是温暖、优雅、和蔼可亲的，色彩上宜尽量配合木质颜色，使房间显得敞亮。与此同时，在门厅处用装饰品点缀，使此处显得不那么死板。

2.客厅

客厅是家庭活动的中心，除用于休息外，也是接待宾客和娱乐的场所。它是居室中最引人注目、最能体现主格调的空间环境。客厅的色彩要以反映热情好客的暖色调为基调，并可有较大的色彩跳跃和强烈的对比，突出各个重点装饰部位。色彩浓重可以显出高贵典雅的气派。如选用深红、黑等重颜色。墙面宜根据家具的色彩和风格、一般以选用红、紫、黄等颜色为主，调配时，不同的色彩纯度上可以有所区别。顶部的色彩则选用金黄色的装弥灯及其光线构造出富丽堂皇的色彩效果。在一些装饰画或墙角也可以用灯光烘托华丽的气氛，使整个房间的整体感更强。

3.餐厅

餐厅色彩会影响到就餐人的心情，一是食物的色彩能影响就餐人的食欲，二是餐厅环境色彩会影响人就餐的情绪。餐厅的色彩应以轻快、明亮为主，一般多采用暖色，如橘黄、乳黄最能增加食欲，其次为柠檬黄。餐桌上的布用黄色或红色时，会刺激人的食欲；若要节食减肥，可用蓝色或绿色；而灰色、紫色、青色则会令人反胃。黄色或橙色具有刺激胃口、增强食欲的作用，且能给人以温暖、和谐的感受。比如墙面选用黄色，配上黄色桌椅、白色台布以及艳丽的插花，可以使人悠然自得地进餐。

4.书房

书房是学习、思考的空间，应避免强烈的刺激。为创造出明亮、宁静的气氛，书房宜用棕色、金色、浅紫色，再搭配些绿色，在合适的照明下，能使人感到轻松愉快，催人勤奋学习。书房的色彩绝不能过重，对比反差也不应强烈，光线一定要充足，色彩的明度要高于其他房间。局部的色彩建议选择成熟稳重的色彩。有传统色彩和风格的饰物很适合在书房使用。

5.厨房

厨房是制作食品的场所，是一个家庭中卫生最难打扫的地方。对厨房家具色彩的要求，是能够表现出干净、刺激食欲和使人愉悦的特征。厨房一般采用明亮、清爽的色调，在视觉上可以扩大空间，给人以轻松愉快的感觉。选用暖色，能突出温馨、祥和的气氛。选用白色或乳白色会给人清洁卫生感，而且也容易与其他色彩协调。地面采用深红、深橙色装饰。要避免绿色、黄色占大面积位置。墙面的色彩明度则以中明度为宜，过高或过低都会与厨房用具产生太强对比，易使视觉紧张而不舒服。

6.卧室

卧室是人们睡眠休息的地方，一般卧室的色彩最好偏暖、柔和些，以利于休息。如果家具色重，墙面颜色要淡；若家具色淡，墙面适宜用与家具色彩类似的对比色加以衬托。卧室不适用鲜艳、刺激性强的大红、橘黄、艳紫等，应选择浅蓝、淡绿等安静色调，有利于休息和睡眠。黄绿色会使人感到舒适，有助于安定神经，对性情急躁、感情易于冲动的人，有抑制作用。

对于色彩，不同年龄要求差异较大。儿童卧室的色彩以鲜明、明快为主，多选用纯色和高纯度或中度的色彩，且多运用对比效果。诸如淡黄、淡橙、粉红、天蓝等组合成欢快、活泼的天地。此外儿童卧室还可选用多彩色组合，以促进儿童智力的发展。男孩卧室一般可使用男孩喜欢的黄、绿、蓝色组合，这种组合具有幻想力，洋溢着欢乐和活泼的气氛，较多的绿色更富有生气。女孩子一般喜欢粉红色或与粉红色相近的颜色。

男青少年卧室宜以淡蓝色的冷色调为主，女青少年的卧室最好以淡粉色等暖色调为主。新婚夫妇的卧室大都采用激情、热烈的暖色调。中老年的卧室宜以白、淡灰等色调为主。体弱多病者的卧室选用黄色，能促使其心情愉快，乐于活动，有助于其体内新陈代谢和抵抗疾病能力的增强。

7.卫生间

卫生间是身心松弛、驱除疲劳的场所，所以装饰它的色调应以素雅、整洁为宜，色彩以乳白色最佳，给人明亮清洁感，适当搭配些浅绿色或肉色，会使人心情轻松，但要防止深绿色出现。现在也有较为时尚的色彩设计以深色为主调，地面、墙面的主色调是黑色，再用金色、银色做小面积的装饰色彩。两种效果各有特点，第一种简明、轻松，一般家庭选择的较多，第二种具有个性强，有促进思考的特性。

总之，房间狭小，要用白色或浅淡冷色调装饰，会感觉明亮、宽阔。而房间宽大，则以暖色为主，显得房间稳重、充实。家具是家庭里的主要陈设品，其颜色应该顺应房间的色调。地面的颜色应略深于墙壁的颜色，否则会感到头重脚轻。在室内浅色调为主的情况下，若用些鲜艳的红色或黄色点缀，就能发挥"画龙点睛"的作用，不会感到单调乏味。

居室色彩的搭配应采用"大调和、小对比"的办法，使整体色彩和谐统一，以统一求协调，使家庭室内色调主次分明，相互衬托，达到妙趣横生而又舒适、温馨的境界。

第三节　居住空间设计的材料与肌理

材料是居室设计中最为重要的一个因素，是空间环境的物质承担者。居室设计特性的体现很大程度上受到装饰材料的制约，尤其是受到装饰材料的光泽、质地、质感、图案、花纹等装饰特性的影响。各种变幻莫测、主体感极强的新型材料能够创造出同一种空间的不同的心理感受。因此，装饰材料是居室设计方案得以实现的物质基础，只有充分了解或掌握装饰材料的性能，按照使用环境条件合理选择所需材料，充分发挥每一种材料的长处，做到材尽其能、物尽其用，才能满足居住空间设计的各项要求。

用于表述材料给人表面感受时，我们常用"肌理"一词。在居住空间设计中，肌理也扮演着很重要的角色，大到地面、墙面，小到壁挂、小摆饰，肌理都通过自身的语言展现空间的特点。肌理影响着人们的心理，如果地面肌理看上去特别光滑，看上去就给人不安全、容易摔跤的心理暗示。如果表面细密柔软，则给人温暖的心理感受。如图4-26、图4-27所示。

> 图4-26　居室中的肌理（1）

> 图4-27　居室中的肌理（2）

一、装饰材料的质感

装饰材料的质感，就是人对材料表面质地的真实感觉，是通过材料表面致密程度、光滑程度、线条变化，以及对光线的吸收、反射强弱不一等不同特点，在人的心理上产生反应，引起联想。不同材料的物体表面具有不同效果的质感。如光滑、细腻的材料，富有优美、雅致和感情基调；毛面材料给人粗犷、豪迈的感觉。当然成分相同的材料也可以有不同的质感，例如普通玻璃与压花玻璃、镜面花岗岩板材与剁斧石。质感可分为天然质感和人工质感。不同物质其表面的自然特点称天然质感，如空气、水、岩石、竹木等；人工质感是指通过一定的加工手段和处理方法而获得的质感，如砖、陶瓷、玻璃、布匹、塑胶等。

（一）质感的衡量

质感从使用功能与装饰艺术要求上讲，大致可以从以下几个方面来衡量。

1.柔软与坚硬

纺织品会有一种柔软、舒适的感觉，会给人亲切和安静的感觉。金属等材料给人一种坚硬、锐利感，此材料可以达到稳定和安定的效果。

2.光泽和透明度

许多经过加工的材料具有良好的光泽，如抛光的金属、玻璃、磨光的花岗岩等。光滑表面的反射，可以使室内空间感扩大，同时映出不同的色彩，让室内充满富丽堂皇的气氛。

透明度指人们通过视觉判断材料质感的通透，看到被材料遮挡住的物体。透明的程度分为完全透明、半透明、不透明等级别。

3.光滑和粗糙

光滑指的是光线照射在材料的表面，产生不同的光感效果，表面质感光滑，反光强，还有耀眼的高光。不锈钢、玻璃是光感较强的代表材料。表面粗糙的材料如毛石、文化石、粗砖、原木、磨砂玻璃、织物等，一般被用于局部的装饰，常与整体大面积的光滑材料形成强烈的视觉对比，起到画龙点睛的作用。

4.轻与重

轻重感往往与材料本身的色彩深浅、表面的光滑平整与粗糙、光透视感的强弱等因素有关。材料表面明度高的使人感到轻，反之则重；表面平整光滑、光泽感强的使人感到轻，而那些表面凹凸粗糙、光透感弱的则令人沉重。

5.冷与暖

质感的冷与暖表现在触觉或心理上，坚硬光滑的材料给人的感觉较冰凉，柔软粗糙的材料如织物、毛石等具有温暖感。但在视觉上由于色彩的不同，其冷暖也不一样，如红色花岗岩触觉冷，但视觉上是暖色。因此选用材料时应从两方面考虑。

（二）质感运用

质感的具体体现是室内环境各界面上相同或不同的材料组合，所以在室内环境设计中，各界面装饰在选材时，既要组合好各种材料的肌理质地，又要协调好各种材料质感的对比关系。装饰材料质感的组合在实际运用中表现为三种方式。

① 同一材料质感的组合。如采用同一木材饰面板装饰墙面或家具，可以采用对缝、拼角、压线手法，通过肌理的横直纹理设置、纹理的走向、肌理的微差、凹凸变化来实现组合构成关系。

② 相似质感材料的组合。如同属木质质感的桃木、梨木、柏木，因生长的地域、年轮周期的不同，而形成纹理的差异。这些相似肌理的材料组合，在环境效果上起到中介和过渡作用。

③ 对比质感的组合。几种质感差异较大的材料组合，会得到不同的空间效果，例如将木材与自然材料组合，很容易达到协调，即使同一色调，也不显得单调，如家居中以木材和乱石墙装饰墙面，会产生粗犷的自然效果；而将木材与人工材料组合应用，则会在强烈的对比中充满现代气息，如木地板与素混凝土墙面，或与金属、玻璃隔断的组合，就属此类。

体现材料的材质美，除了材料对比组合手法来实现外，同时运用平面与立体、大与小、粗与细、横与直、藏与露等设计技巧，能产生相互烘托的作用。

装饰材料的不同质感对室内空间环境会产生不同的影响。材质的扩大缩小感、冷暖感、进退感可以给空间带来宽松、空旷、温馨、亲切、舒适、祥和等不同感受。在不同功能的空间环境设计中，装饰材料质感的组合设计应与空间环境的功能性设计、职能性设计、目的性设计等多重设计结合起来考虑。

二、居住空间装饰材料的分类

居室装饰材料可按照材料的生产流通、销售分类；也可以按材料本身的物理特性进行分类，如光学材料、声学材料、热工材料；还可以分为自然材料和人工材料等。从通常的最实用和最被看重的角度——质感上划分可分为软质材料（地毯、壁纸等）和硬质材料（石材、金属、木材等）。

（一）软质材料

软质材料包括棉、麻、毛、丝、锦、膜等，如我们接触比较频繁的地毯、挂毯等，它们不仅悦目美观，且具有隔热、防潮柔软等功能。其独特的材质、肌理与花色，对室内环境的装饰具有软化作用，使人置身身其中有亲切温暖的感觉。

（二）硬质材料

硬质材料包括玻璃、金属、木材、陶瓷等。

1.玻璃

玻璃材料很早就被作为装饰艺术设计的材料来应用。玻璃材料不仅是功能材料，而且被融入大量的自然与人文色彩，在各种形式的装饰中被大量运用，于是经过艺术加工的装饰玻璃走进了高楼大厦和千家万户。作为一种现代装饰材料，它除了具有其他环境艺术材料共有的色彩、肌理、光泽外，还具有其他材料所不具有的特质。如利用玻璃的反射、折射和漫反射的物理特性，用于建筑物内部可扩大室内的空间尺度。

2.金属

金属装饰材料具有独特的光泽、色彩与质感。金属作为装饰材料以其高贵华丽、经久耐用而优于其他各类装饰材料。作为装饰材料的金属，常用的有铝、不锈钢、钢、铜等，它们一是用于建筑结构和装饰中承重抗压的结构材，二是用于装修表面美化的装饰材。

3.木材

木材因具有材质轻、强度高和韧性好，耐抗压冲击，对电、热、音有绝缘性等其他材料难以替代的优越性，在室内设计中被大量采用。虽然不同树种的木材有不同的质地和纹理，但总的来说，给人以温馨亲切和自然朴实的感觉。

4.陶瓷

陶瓷是陶和瓷的总称。陶的烧成温度要低于瓷，且有微孔，具有吸水性，陶有粗细、黑白之分，运用在当今快节奏和信息现代化的都市环境中，更能迎合人们的心理需求，如利用陶土的天然色泽，结合抽象自然形态烧制成大型壁面装饰，起到对室内空间环境的装饰作用。瓷的烧成温度要高于，且坯土的质地比陶要细腻，基本不吸水，烧成后质地坚硬细密，并可施以釉彩，烧成多种颜色的表面效果，运用在室内环境中可起到美化环境的作用。

装饰材料在室内设计中的功用具有两面性，即正面积极和反面消极的作用。比如，人工合成材料含有对人体有害的挥发性气体如苯、酚、氨类，各种石材具有的放射性等容易造成室内污染，危害身体健康，等等。

三、材质

装饰材料质地的选用，是室内设计中直接关系到实用效果和经济效益的重要环节。巧于用材是室内设计中的一大学问，饰面材料的选用，同时要满足使用功能的需求和人们身心感受的需求。

材质是材料本身的结构与组织，是材料的自然属性。材质包含材料的肌理、质地、色彩和形态等几个方面，是长期以来人的视觉感受和触觉感受经大脑综合处理产生的，一种对材料特性表面特征和物理属性的综合印象。不同的材质可以营造不同的居室氛围，或温馨浪漫、或时尚前卫……由各种材质的材料所组成的室内空间，能营造出一个富于变化的视觉环境，有效避免审美疲劳，并给人们带来不同的视觉美感享受。

（一）材料肌理

肌理是指材料本身的肌体形态和表面纹理。肌理是室内环境美构成的重要元素。肌理的构成形态有颗粒状、块状、线状、网状等。从形成原因上来分，肌理可以分成材料的"自然肌理"和人工制作过程中产生的"工艺肌理"。前者是产生于材料内部的天然构造，其表现特征各具特色。木材类的针叶树材如松、柏、杉等表面较粗犷，纹理通直、平顺；阔叶树材表面细密，纹理自然美观、变化丰富；竹材表面光洁，纹理细密而通顺。后者是在成品基材的表面上加工处理而形成，如经过喷涂、蚀刻或磨砂的金属板（铝、铜、铝合金和不锈钢板）和喷砂玻璃表面形成细密而均匀的点状"二次肌理"，以及在大理石、花岗石上经剁斧、凿锤后在表面形成粗糙的颗粒状或条纹状肌理。另外，运用现代生产技术而直接成型的各种凹凸肌理的材料，如陶瓷面砖、玻璃砖，各种织物、地毯、壁纸等，为现代室内设计提供了重要的美感因素。当代一些优秀的室内设计师灵活掌握和运用材料的"自然肌理"与"工艺肌理"，把两者并置于同一个空间中，往往能形成出乎意料的视觉效果。因而，在室内环境设计中，组织、创造新的肌理，正逐渐被设计师所关注和追求。

此外，由于材料表面的排列、组织构造不同，人们常常通过触摸而获得触觉质感和通过观看而获得视觉质感，以此来分可以把肌理分为视觉肌理和触觉肌理。视觉肌理是由材料表面的色泽和花纹不同所造成的肌理效果。触觉肌理是因材料表面光糙、软硬等起伏状态不同造成的肌理效果。在许多情况下，人们通过视觉而不是触觉来体会材料所带来的不同感官刺激，所以视觉肌理相对于触觉肌理而言，地位和作用更加重要。如图4-28、图4-29所示。

（二）材料质地

材料的质地有自然质地（如石材质地、木材质地、竹材质地）和人工质地（如金属质地、陶瓷和玻璃质地、塑料质地、织物质地等）。自然质地是由物体的成分、化学特性等构成的自然物面。而人工质地是人有目的地对物体的自然表面进行技术性和艺术性的加工处理后所形成的物面。

不同材料的质地给人以不同的视觉、触觉和心理感受。石材质地坚固、凝重；木质、竹质质地给人以亲切、柔和、温暖的感觉；金属质地不仅坚硬牢固、张力强大、冷漠，而且美观新颖、高贵，具有强烈的时代感；纺织纤维品如毛麻、丝绒、锦缎与皮革质地给人以柔软、舒适、豪华典雅之感；玻璃质地有一种洁净、明亮和通透之感。

> 图4-28　室内装饰材料肌理（1）

不同材料的材质决定了材料的独特性和相互间的差异性：在材料的表现中，人们利用材料质地的独特性和差异性创造富有个性的居住空间环境。

在室内空间界面和空间内物体的表现中，设计师就恰当地选择和利用材料，使材料的材质美感得到充分的体现，从而创造既舒适、和谐，又具有独特个性的室内空间环境。如图4-30、图4-31所示。

> 图4-29　室内装饰材料肌理（2）

> 图4-30　室内装饰材料质地（1）

> 图4-31　室内装饰材料质地（2）

四、材料色彩

色彩往往会先于形给人鲜明而直观的印象，在表达情感方面有着显著的优势。在建筑空间中，物质材料给人的审美感觉与色彩有千丝万缕的联系。如暖色系（红色、橙色、黄红色）比较活跃，属于积极色，给人明朗、热烈、欢快的感觉；而冷色系（蓝色、蓝绿色、蓝紫色）则具有柔和的情绪，属消极色，给人带来安静平和的感觉；中性色有较为中庸的性格，不会让人产生强烈的冷暖刺激。在明度方面，高明度的明亮色彩给人以坦率而活泼的感受，低明度的暗淡色彩则有深沉稳重的表情。材料表面的色彩有天然的也有人造的，也可以是灯光赋予的。

色彩的变换是改变空间整体感最简便、快捷、经济的方法，但单纯色彩的设计却过于纯粹和单一，材质表面的质地、肌理可以弥补这种单调与呆板，使空间更具生机感。

材料的色彩一般可分为两类：一类是材料本身所具有的自然色彩，在施工中不需进行再加工，常见的有纺织面料、天然面砖、玻璃、金属材料及其制品等。这些材料的自然色是装饰设计中的重要元素，设计师应充分发挥其色彩特点，根据具体环境进行最佳的选择和应用。另一类是要根据装饰环境的需要，在施工过程中进行人为的造色处理，经过调节或改变材料的本色，使材料达至与装饰环境色彩相和谐的特殊效果。这类材料常见的有梨木、柚木等板材，它们可以根据不同环境的需要在造色时任意改变色彩的色相、明度和饱和度。

设计师根据冷暖色彩给人心理带来收缩或扩张的情感体验，在较小的空间里经常采用浅淡色调的材质创造一种明朗、宁静、轻松的氛围，迎合人们向往开阔透气空间的心理需要；对于面积较大的空间则经常使用具有一定收缩作用的中性灰度的色调或深色调来处理墙面，用来减缓由于空间过大使人在心理上产生的空旷感。

色彩的搭配不同于公式，设计师选择不同色彩的材质前必须对色彩本身所具有的基本特性有一个深入的了解，然后根据每个人不同的生活方式和审美要求来进行设计，创造一个温馨舒适、材质颜色与空间搭配得当、富有情趣和精神品位的空间效果。

五、材料选用的原则和运用

（一）材料选用的原则

装饰材料在居室装修中的作用是举足轻重的。由于材料不同，在室内装饰过程中，要想使其实用性、经济性、美观性都获得很好的体现，设计与施工人员就应熟悉材料质地、性能特点，了解材料的价格和施工工艺要求，创造出风格各异又愉悦身心的家庭居室环境。

1.与室内空间功能相适应的原则

空间的功能不同，相应地需要不同的装饰材料来烘托室内的环境氛围。例如，起居室是家庭成员活动的中心，气氛愉悦、欢乐。卧室是休息和睡眠的房间，需要安静且私密性较强。厨房、卫生间则需明亮和清洁。这与所选材料的色彩、质地、光泽、纹理等密切相关。

2.与居室局部特性相一致的原则

不同空间的不同部位对装饰的要求不同，如木材、织物相对柔和，石材、瓷砖及金属材料相对坚硬，设计时应运用得当。例如室内的踢脚部位，由于要考虑清洁工具、家具或其他物品与之碰撞时的牢固程度和易于清洁等因素，因此通常需要选用有一定硬度，容易清洁的材料。粉刷涂料、壁纸或织物软包等墙面装饰材料一般不能直接落地。

3.时尚、环保、方便的原则

现代家居装饰是不断向前发展的，因此应采用一些无污染、质地和性能更好、更为新颖的装饰材料来取代以往的材料。这需要设计师更好地了解现代装饰材料的品质和特征，且在设计中要充分考虑其便于安装、施工和更新的性能。

4.节俭实用的原则

成功的室内装饰并不一定要借助于使用贵重的装饰材料。精心设计，巧妙安排，充分利用一般的装饰材料，可有化腐朽为神奇的效果。一味地追求材料的高档，会使品种过多过杂，监理和施工都相应地复杂，更会使造价昂贵，同时还可能由于格调的降低而丧失其艺术魅力。

在室内装饰中，一般只以一种材料为主，配以其他不同质地的材料形成对比互衬的关系，这样就不会产生杂乱无章的感觉，也符合对立、统一的美学原则。总之，各种新的建筑形式和艺术风格的不断涌现，为室内装饰材料的选择和应用提供了非常广阔的天地，需要设计师用更多时间去认识和掌握，从而创造出美好的居住空间环境。

（二）居住空间内各主要区间的材料运用

1.门厅

门厅地面材料选用坚韧、防滑的石材或地砖，可经受磨损与撞击，墙面装饰应与客厅保持一致。天棚可做一个小型的吊顶。为体现门厅与客厅的区别，可做隔断，一般选用木搁栅、磨砂玻璃、彩色玻璃等。

2.客厅

现代风格的客厅只突出必要的沙发、茶几和组合装饰柜等装置，不再用观赏性强的壁炉和繁琐的布艺窗等过分装饰。地面采用纯天然木质地板、高级地面砖、花岗石、大理石或全羊毛毯加以点缀，既耐磨又显气派。

天棚可用壁纸、矿棉板、高档木纹夹板及其饰面材料。墙面采用色彩和图案丰富的壁纸、简洁明快的内墙涂料，墙面与天花板往往处理成白色，避免视觉压抑，也可选用织物贴面、自然温馨的木皮条纹、现代感强的装饰贴面等。

3.餐厅

地面一般应选择表面光洁、易清洁的材料，如大理石、花岗岩、地砖，不要使用黏性油腻的地毯。墙面可用壁纸、木条板、镜面砖等。齐腰位置要考虑多用些耐碰撞、耐磨损的材料，如选择一些木饰墙砖或者做局部装饰的护墙处理。顶棚宜以素雅、洁净材料做装饰，如乳胶漆、局部木饰，并用灯具做烘托，有时可以降低顶棚高度，给人亲切感。

整个就餐空间，应营造一种清新、优雅的氛围，以便增添就餐者的食欲。若餐室空间太小时，则餐桌可以靠着有镜子的墙面摆放，或在墙角运用一些墙面装饰，或与餐具柜相结合，可给人以宽敞感。

4. 书房

书房要讲究安静，应选用隔音效果好的装饰材料，地面可采用地毯、木地板，如使用频繁，可采用质地坚硬的地砖。墙壁可采用PVC吸音板、板材或软包装饰布等。天棚采用吸音石膏板吊顶，阻隔室外噪音。

5. 厨房

厨房装修的主要对象是地面、墙面、天花、备料台和操作台的台面与台身。因此，厨房地面必须具有耐磨、耐热、耐撞击、耐洗等特点，并注意防滑，防滑瓷砖或地面彩釉砖是常用的材料。对于墙壁，可以使用花色繁多的瓷砖、纯色防火塑胶壁纸，或者是经过处理的纯色防火板。部分应选择性质稳定的瓷砖或质地紧密的砖块材料。

天花板是最容易沾上油烟的地方，应选用光滑易清洗的材料，不宜使用质感粗糙，凹凸不平的材料。此外，天花板还应尽量选择防火防潮和不易变形的材料。

备料台和操作台的台面与台身的装修材料，首先是要考虑其安全性，再根据个人的烹调习惯、考虑保养的方便性进行选材。灶台后面的主墙应考虑防火功能，可选择使用防火壁板。防火壁板具有耐高温、不易沾污垢、可清洗、不退色、不变形、完全不会燃烧等特点，同时能隔音吸音、隔热防潮，保养十分方便。

橱柜则可以选择木材材质、塑料材质或者不锈钢材质，根据整体效果适当选用材质即可。

6. 卧室

卧室是最具私密性的地方，是彻底放松、充分休息的地方。卧室选材要求突出个性、舒适感和隔音效果。复合木板配地毯式最好，这样能使视觉、手感、触感都保持温柔舒适。此外，也可以选用地板胶、塑料地面、地砖等。墙面常用偏暖的壁纸、织物贴面，显得典雅、温馨，也可用木纹夹板，表现高贵。顶棚应用简洁、明快的饰面材料，如装饰石膏板、壁纸、涂料等。

7. 卫生间

地面材料要做好防水处理，最好选用具有防滑性能的瓷砖，如用天然和人造大理石，还要有防滑措施，如铺设防滑垫。地面还要注重防潮，最简单的方法是用防水涂料，可谓物美价廉。墙面贴瓷砖是最普遍的做法。瓷砖美观、防水防潮。顶棚以塑料扣板、铝制长条板或防污塑料布为佳。

课题训练

1. 谈谈在居住空间设计中基础照明与局部照明的应用。

2. 居住空间中各区域的色彩有什么特点？

居住空间设计
Residential space design

Chapter 5

第五章 居住空间的家具、陈设品与绿化设计

随着人类文明的进步和生产力的发展，人们的生活也越来越离不开家具、室内陈设与绿化了。它们不仅为我们的生活带来便利，同时还为居住空间带来视觉上的美感和触觉上的舒适感。

设计师要充分考虑如何更合理地利用家具、室内陈设与绿化对居住空间进行装饰，在最大限度上满足人们的功能需求和精神需求，努力营造出完美的生活环境。

第一节　家具设计

家具是人类日常生活和社会活动中使用的、具有坐卧、凭倚、储藏、间隔等功能的器具。一般由若干个零部件按一定的接合方式装配而成。它是空间环境的一个重要组成部分，是构造空间环境的使用功能与视觉美感的最为关键的因素之一。首先，人类衣、食、住、行等社会生活都需借助家具来演绎并展开，它是人类生活的重要器具。其次，家具也是居室环境的重要陈设，是体现室内艺术氛围的主要角色，对空间环境效果起着重要的影响。最后，家具始终是人类与建筑的中介物，建筑的功能通常要借助于家具才能实现。

家具也是居室设计所表达的思想、文化的载体，并从属和服务于居室设计的主题。反过来，家具又是居室设计这个整体中的一员，家具设计不能脱离居室设计的要求，它是实现室内环境和功能的有机组成部分。如图5-1、图5-2所示。

> 图5-1　家具（1）　　　　　　　> 图5-2　家具（2）

一、家具与生活方式

　　不同的个人、群体、民族和国家都有不同的生活方式。生活方式的产生、形成和发展除了受生产方式的制约外，还要受到自然环境、政治体制、经济水平、科学技术、历史传统文化、社会心理等多种条件的影响。在人们生活中占主导地位的生活方式的基本特点反映了该国家或地域在该历史时期的社会发展状态。如图5-3～图5-5所示。

> 图5-3　座椅（1）　　　　　　> 图5-4　座椅（2）　　　　　　> 图5-5　座椅（3）

　　家具是人们生活方式的缩影，具有丰富而深刻的社会性。作为社会物质产品和重要的文化形态，家具直接为人类社会的工作、学习、社交和娱乐等活动服务，反映了人类的生活方式，并以自身的功能与形式影响和创造着人类的情感交流与生活方式，是继承过去、表现今日、规划将来的物质表现形态。如图5-6、图5-7所示。

> 图5-6　家具（3）　　　　　　　　> 图5-7　家具（4）

随着科学技术的发展，新材料、新工艺和新设备等高科技产品广泛地进入家庭生活，人们的生活品质得到极大的提升，衣、食、住、行、玩都有了新的需求和发展，生活与工作方式也发生了许多新的变化。智能化与信息化就是室内家具设计的新发展趋势，多样化的人机界面，创造出人与人、人与环境之间的新型沟通形式，丰富和激起人们的想象，并增进自我完善的能力。例如，现代橱柜家具与灶具、油烟机、烤箱、微波炉、消毒碗柜等家电、照明电路、给排水管道进行的系列化综合设计实现了工业化时代的标准化、部件化生产。在橱柜中安装数字化的电脑网络终端设备与社区的购物中心连接，家庭主妇可以随时实现网上购物，遥控开启厨房操作，使厨房家具变得智能化与数字化。家庭卫浴家具和新科技结合，形成一体化、标准部件化的生产，还兼有水力治疗、视听和按摩等功能。这些细微而重要的变化已经将传统的家庭生活必需变成安全、保健、舒适、有趣的家庭生活享受。

二、家具的分类

（一）室内家具按使用功能分类

坐卧类家具：为人休息所用，并直接与人体接触，起到支撑人体的作用，包括椅子、凳子、沙发、床等。如图5-8、图5-9所示。

> 图5-8　床　　　　　　　　　　　　　　　　> 图5-9　沙发

存贮类家具：其功能是贮存物品、分隔空间，并起到承托物体的作用，包括壁橱、书架、搁板等。如图5-10、图5-11所示。

凭倚类家具：为人工作所用，并起到承托物体的作用，如书桌、柜台、作业台以及几案等。如图5-12、图5-13所示。

（二）按照结构特征分类

框架家具：以框架为家具受力体系，在框架中间镶板或在框架的外面附面板，其特点是经久耐用。

板式家具：以人造板构成版式部件，用连接方式将板式部件接合装配的家具。其特点是平整简洁，造型新颖美观，运用很广。

> 图5-10　衣柜

> 图5-11　储物架

> 图5-12　凭倚类家具（1）

> 图5-13　凭倚类家具（2）

　　拆装家具：用各种连接体或插接结构组装而成的可以反复拆装的家具。其特点是摈弃了传统做法，很少使用钉子和黏结剂，对生产、运输、装配、携带等都提供极大方便。

　　折叠家具：能够折叠使用并能够叠放的家具，其特点是用时打开，不用时收拢，体积小，占地少，移动、堆积、运输极为方便。

　　支架家具：一般由两部分组成，一部分是金属或木支架，一部分是橱柜或搁板。此类家具可以悬挂在墙、柱上，也可以支撑在地面上，其特点是轻巧活泼，制作简便，不占或少占地面面积。

　　充气家具：其主体是一个高强度的塑料薄膜制成的胶囊，在囊内注入水或空气而形成家具。与传统家具相比，简化了工艺过程，减轻了重量，并给人以全新的印象。

　　注塑家具：采用硬质和发泡塑料，用模具烧注成型的塑料家具，整体性强，是一种特殊的空间结构。其特点是质轻、光洁、色彩丰富、成型自由、加工方便。

（三）按照制作家具的材料分类

木质家具：主要是由实木与各种木质复合材料所构成。其特点是质感柔和、造型丰富，是家庭中常用的家具。

塑料家具：整体和部分主要是由塑料加工而成的家具。其特点是质轻高强，色彩多样、光洁度高和造型简洁等特点。

金属家具：以金属管材、线材或板材为基材生产的家具。其特点是适用、简练，且适合大批量生产。如图5-14所示。

竹藤家具：以竹条或藤条编制部件构成的家具。藤竹材料具有质轻、高强和质朴自然的特点，而且更富有弹性和韧性，易于编织，又是夏季消暑使用的理想家具。如图5-15所示。

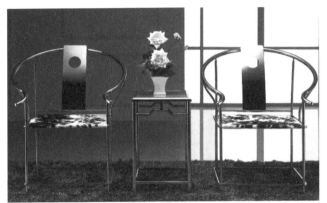

> 图5-14　金属家具　　　　　　　　　> 图5-15　竹藤家具

玻璃家具：使用钢化玻璃做成的家具。如图5-16、图5-17所示。

> 图5-16　玻璃家具（1）　　　　　　　> 图5-17　玻璃家具（2）

三、家具在室内空间环境中的作用

最早的建筑是为了给人类提供简单的挡风遮雨的空间而建造的，在漫长的进化过程中，家具与室内空间的结合越来越紧密，家具成为人类与室内空间的中介。室内是人类创造的文明空间，人类不再直接利用室内空间，而是需要通过家具把室内空间转变为细致而具体的人体活动空间加以利用，家具是人类在室内空间中再次创造文明空间的精巧努力，这使得人类文明向前迈出了一大步。发展到现代，人类的室内空间活动都是围绕家具而开展的，家具的设计和组织布置成为室内空间的设计主体。如图5-18所示。

> 图5-18　现代室内设计

（一）供人使用

这是家具的首要任务，也是家具的主要功能。家具除了要满足人体生理需求外，还要满足人的需求特点。人们在使用家具的过程中，除了获得直接的功效外，还会得到一种心理上的满足。这种心理上的满足，实际上是对家具艺术的一个认知过程，即美学上的审美。

每个人都有审美和爱美的心理要求，在对家具的审美认知过程中，形式的美感、色彩的刺激和宜人的功效都会给人们带来视觉亮点。如图5-19、图5-20所示。

> 图5-19　室内家具（1）

> 图5-20　室内家具（2）

（二）组织并划分室内空间

在室内空间中，通常以墙体和各种材质的隔断来分隔空间，但这种分隔方式不仅缺少灵活性且利用率低。用家具来组织并划分空间，能减少墙体的面，减轻自重，提高空间利用率，还可在一定的条件下，通过家具布置的灵活变化达到适应不同的功能要求的目的。比如厨房与餐厅之间，可利用吧台、酒柜来分隔。如图5-21、图5-22所示。

（三）创造空间气氛

气氛即内部空间环境给人的总体印象，如欢快热烈的喜庆气氛、亲切随和的轻松气氛、深沉凝重的庄严气气氛、高雅清新的文化艺术气氛等。各种不同的空间环境要创造不同的氛围效果，这些不同的氛围效果往往依靠家具的造型来完成。如图5-23、图5-24所示。

> 图5-21　划分室内空间的家具（1）

> 图5-22　划分室内空间的家具（2）

> 图5-23　家具创造空间氛围（1）

> 图5-24　家具创造空间氛围（2）

（四）体现居室环境风格

家具是一种有文化内涵的产品，体现了一个时代、一个民族的生活习俗，它的演变实际上也表现了社会文化及人的心理、行为和认知。每一个民族文化的发展及演变，都对居室设计及家具风格产生极大的影响。

既然家具的形态风格具有强烈的时代性、地域性和民族性，因此在居室设计中始终要求家具的风格要与居室装饰的风格相协调。从家具自身的角度而言，它的风格不仅展现了自己，同时又展现其空间的整体风格。如图5-25、图5-26所示。

> 图5-25　新中式风格室内设计　　　　> 图5-26　简欧风格室内设计

（五）陶冶情操

格调高雅、造型优美，具有一定文化内涵的家具使人怡情悦目，能陶冶人的情操，这时家具已超越其本身的美学范畴而赋予室内空间以精神价值。如在书房中摆设古色古香的书桌、书柜等。良好的家具能营造出一种文化氛围，使人生活、学习、工作都有愉悦的心情。如图5-27、图5-28所示。

> 图5-27　有格调的家具（1）　　　　> 图5-28　有格调的家具（2）

此外家具的选择与布置还能体现一个人的职业特征、性格爱好及修养、品味，是人们表现自我的手段之一。

四、家具的选用和组织

选用家具的首要前提是稳固、舒适,保障使用者的安全;其次是强调家具的艺术形象要与空间环境的风格相协调,有利于更好地表达设计内涵,同时,还要考虑便于家具的安装制作、家具的尺寸与空间尺寸相适应、经济成本等问题。

家具的空间布置方式主要有单边式、走道式、岛式、周边式;家具布置的格局有对称式、非对称式和分散式。实现空间使用功能、充分合理地组织利用空间和创造良好的空间氛围是家具组织布置的根本原则。在确定的空间环境中,无论家县的布置数量和形式如何变化,都不能偏离这一根本原则。

(一)家具与环境的关系

设计和选购家具时应考虑家具的造型、色彩、功能、质感等因素能否与室内环境设计的整体效果相适应。如地面材料、家饰、灯光等相互协调搭配构成一个连贯呼应、相得益彰的整体室内空间效果。除了家具的色彩、造型等应配合居室的整体效果外,家具的尺寸、比例、功能、品质都要仔细选择,以满足人们的使用要求。家具在空间环境中的作用主要有三个方面。

① 明确空间的使用功能,识别空间的性质。不同家具在室内空间中的布置与组合是室内空间性质的直接体现。如在室内空间中放置办公类型的桌椅,那么该空间的性质可能为工作室或书房;在空间环境里放置床,那么该空间可能是卧室;放置电视柜、沙发、茶几,那么该空间的性质可能为客厅。

② 利用好空间。好的家具配置可以充分地利用空间,满足人的需要,利用家具的布置手法又可以有效地组织空间布局。

③ 建立空间氛围,创造美感。家具在室内空间中总会占有一定的位置,体量较为突出,人们在重视家具的使用功能之外,尤其重视家具在室内空间环境中所营造的美感。主人可以通过家具展现自己的社会地位、经济状况、职业特点和审美情趣。良好的家具组织,可以使室内环境具有浓厚的艺术氛围,富于感染力。如图5-29、图5-30所示。

> 图5-29 用家具建立空间氛围

> 图5-30 用家具创造室内美感

（二）家具的布置方法

家具陈设本身就是一门艺术。除去功能上的需要外，摆放位置是否得体奠定了居室空间装饰的基调。在布置家具之前首先应对空间条件有一个清晰的认识，根据具体的空间环境进行布置，才能使家具与室内空间相得益彰。

无论何种空间类型都有一定的尺度，所以家具的数量应与空间环境相适应，应留出更大的活动空间，家具在室内的摆放面积一般不宜超过室内总面积的30%～40%。

家具的类型和数量要结合空间的使用性质和特点，做到功能分区合理。利用家具组织安排空间的活动线，动、静分区特征鲜明，应从布置格局、风格特点等方面加以考虑，使家具的布置规律有序，产生良好的视觉空间环境。如图5-31、图5-32所示。

> 图5-31　家具的布置（1）　　　　> 图5-32　家具的布置（2）

家具的造型设计、材料的选用及搭配、装饰纹样、色彩图案等则更多地考虑了人的心理需要。如青年人房间的家具应造型简洁、色彩明快、装饰美观等；小孩房间的家具应色彩跳跃、造型小巧圆润等；老年人房间的家具应造型端庄、典雅、色彩深沉、图案丰富等。

（三）家具与人体工程学

家具不仅要美观，还要满足使用要求，且使用起来舒适方便。现代家具的设计特别强调与人体工程学相结合。家具产品本身是服务于人的，所以家具设计中的尺度、造型、色彩及其布置方式，都必须符合人体生理、心理要求以及人体各部分的活动规律，以便达到安全、实用、方便、舒适、美观之目的。

在家具设计中要特别强调家具在使用过程中对人体的生理及心理的影响，并对此进行分析，在此基础上为家具设计提供科学的依据。应根据人的立位、坐位和卧位的基准点来规范家具的基本尺度及家具间的相互关系。人体工程学在家具与室内设计中应用如下。

① 确定人和人际交往在室内活动所需的空间作为主要设计依据。根据人体工程学中的有关数据，从人的活动空间、心理空间以及人际交往的空间等方面考虑，可以确定空间范围。

② 确定家具、设施的形体、尺度及其使用范围。家具为人所使用，因此它们的形体、尺度必须以人体的高度为主要依据；同时，人们为了使用这些家具和设施，其周围必须留有活

动和使用的最小空间，这些要求都由人体工程科学来予以解决。

③ 对视觉要素的计测为室内视觉环境设计提供科学依据。人眼的视力、视野、光觉、色觉是视觉的要素，人体工程学通过计测得到的数据，为室内光照设计、室内色彩设计、视觉最佳区域设置等提供了科学的依据。

④ 良好的家具设计得益于正确地运用人体工程学原理。它可以减轻人类的劳动，节约时间，使人身体健康、心情愉悦，从而满足人们生活的要求。如图5-33、图5-34所示。

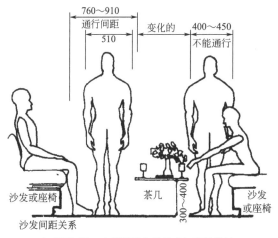

> 图5-33　人的活动空间尺寸与家具设计

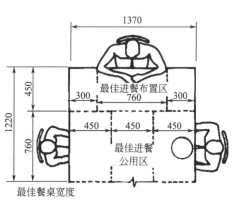

> 图5-34　人的进餐空间尺寸与餐区设计

第二节　陈设软装饰设计

　　室内陈设或称软装饰，是继家具之后的又一室内设计重要内容。"重装饰，轻装修"这一口号，时下在居室设计中越来越流行，家居装饰品在这当中扮演了重要的角色。人们随着季节的交替，时尚潮流的不断更新，也不再停留在一、两套装饰品饰家的状态，开始不停地变换家里的装饰品。室内陈设软装饰浸透着居住者的社会生活文化、地方特色、民族气质、个人素养等精神内涵，所有这些，都会在日常生活中表现出来。

　　软装饰的范围非常广泛，内容极其丰富，形式也多种多样，随着时代的发展而不断变化。陈设软装饰能美化室内环境、增添室内意境、渲染气氛，是强化居室风格的重要手段，与人们的生活密切相关。缺少陈设的居室空间环境使人感到冷漠、乏味、没有生机。同时，陈设品的展示不是孤立的，必须和室内其他物件相互协调和配合，亲如一家。此外，陈设品在室内的比例毕竟是不大的，因此为了发挥其所应有的作用，必须具有视觉上的吸引力和心理上的感染力。

一、陈设软装饰的种类

（一）纯观赏性为主的软装饰

　　工艺陈设品：是指雕刻、雕像、陶瓷艺术、玉器、古玩等有艺术价值的陈设物，其在室内环境中的主要作用是加强室内空间的视觉效果，饰品的价值比其表面形式更为重要，它不仅可用来观赏玩抚，还能产生怡情遣兴和陶冶情操的效果。每一件工艺品，都表现某种内在的东西，同时还表现了要传递某些信息，许多工艺品传递着无目的性的、不可预测和无法确定的抒情价值并能够引起种种诗意的反应。因此这些工艺品的陈设突显个性，展现风格，使居住生活的环境更富有人性的魅力。完美的室内陈设绝不是随意堆砌出来的，需要设计师充分了解业主的要求及空间环境的使用功能，把握室内设计的指导思想，在保证室内整体美化的同时保证满足人们的使用要求。如图5-35、图5-36所示。

> 图5-35　工艺陈设品的应用（1）　　> 图5-36　工艺陈设品的应用（2）

　　字画及摄影：字画及摄影作品是室内软装饰的灵魂，是表达人类思维深处的精灵，是跳动的音符，更是视觉的焦点。其作为一种高雅艺术，是广为普及和大众喜爱的装饰手法，是装饰墙面的最佳选择。如图5-37、图5-38所示。

> 图5-37　绘画作品的应用　　　　> 图5-38　摄影作品的应用

（二）功能性为主的软装饰

日用装饰品：日用装饰品是指日常用品中，具有一定观赏性的物品，它与工艺品的区别主要是在于其可用性，如餐具、烟酒茶具、植物容器、电视音响设备、日用化妆品、灯具等等。这些日用品的共同特点是造型美观、做工精细、品味高雅，加上与茶文化、酒文化和书画艺术密切相关，其内涵更加全面和深刻。因此，不但不必收藏起来，还要将其放在醒目的地方展示。如图5-39、图5-40所示。

> 图5-39　典雅的日用装饰品（1）　　　　　　> 图5-40　典雅的日用装饰品（2）

室内纺织品：在现在居住设计中，织物使用的多少已成为其装饰水平的重要标志之一。因织物在空间的覆盖面积较大，所以对室内的氛围、色调和意境起到很大作用。设计师需根据空间的使用性质、工作活动特点、停留时间长短等因素将纺织品应用到居住设计中。纺织品质地的选用直接关系到实用效果和经济效益，设计时应当同时具有满足使用功能和人们身心感受这两方面的要求，例如可选用轻柔细软的室内纺织品以及自然亲切的本质面材，等等。如图5-41、图5-42所示。

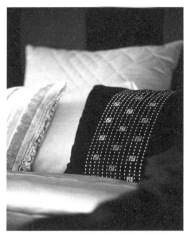 

> 图5-41　纺织品的应用（1）　　　　　　> 图5-42　纺织品的应用（2）

室内绿化：在生活节奏日益加快的今天，现代人越来越喜欢自然元素在室内的应用，使室内绿化可与室外绿化相互渗透，室内绿化，不仅包括种植树木和花草，还包括盆景等。室内绿化可以增加空间的自然气氛，是室内装饰美化的重要手段。如图5-43、图5-44所示。

> 图5-43　室内绿化（1）

> 图5-44　室内绿化（2）

光与影：灯具是空间装饰中最重要的元素之一。在科技日益发达的今天，灯有了双重作用，一种是用于居室空间的照明，亦称功能照明，是满足人们的实际活动行为的基本照明形式，通过基础照明和局部照明从而实现功能化。另一种是利用灯的造型装饰周围的环境和烘托气氛，用光和影作为道具，不仅能营造出庄严华丽的氛围，也可营造甜蜜温馨的效果，装饰性照明是以创造室内环境氛围、增加视觉美感效果为目标的照明形式。要从满足使用和装饰上考虑，使灯具本身的造型以及照明管线本身所造成的均衡、韵律等和谐效果具备动人的美感。同时，借助照明光线的强弱作用还可以使空间的造型、色彩、雕塑、花卉植物等室内软装饰具有强烈的艺术感染力。如图5-45、图5-46所示。

> 图5-45　光影装饰（1）

> 图5-46　光影装饰（2）

二、陈设软装饰的作用

（一）点缀空间

点缀空间是陈设软装饰的基本功能。室内空间没有陈设品的点缀，就会空洞乏味，没有生趣，陈设品能使"苍白、冷漠"的空间更充实、更完美。

（二）烘托室内气氛，营造环境意境

居室气氛和环境的形成由多种因素构成。陈设软装饰是其中重要的因素之一，恰当合理地运用陈设软装饰可烘托气氛、营造意境，使空间更完美，更具整体感。

（三）强化室内环境风格

室内空间有多种不同的风格，如中式风格、欧式风格、现代风格等。通过陈设软装饰品不同的形状、色彩、式样、材质及摆设方式来表现和强化各室内空间的风格。如中式风格的室内空间，陈设布置以对称为主，家具材质以木材居多，墙上装饰大多摆放中国画和书法，以此来突出中式风格的古朴；欧式风格通常装潢华丽，家具式样复杂，材质高档，做工精美；现代风格则是以简洁的造型、明快的调子为主。

（四）反映个人情趣

居室空间使用者的文化修养、情趣爱好、品位不同，选择的陈设品则不同。通过陈设软装饰品可反映使用者的情趣：比如体育爱好者家中，体育器材是其陈设品的首选；书籍是学者、文人的陈设佳品；商人则会选择财神等预示生意兴隆的摆设品。

三、陈设品的选择

陈设品的种类非常丰富，每个陈设品又都有各自的特点，所以，陈设品的选择因个人的文化修养、品位、爱好的不同而存在差异，但总的来说都要充分考虑到个性与共性、整体与局部的关系。如果不能妥善地选择题材，就会导致与室内环境风格的冲突，破坏整体效果。因此，选择陈设品应注意以下几点。

（一）空间功能

满足空间的功能是进行居室设计的首要前提，陈设软装饰的选择也应首先考虑是否满足空间功能的要求。不同的使用空间功能不同，陈设品要与其相吻合，否则会破坏整体效果，如书籍作为书房的陈设品，与其空间功能十分和谐，是很好的陈设佳品，但把书籍摆放在餐厅的酒架上，则与整体功能不相干，不但起不到强化空间功能的作用，还会破坏空间气氛；又如地毯在空间中有界定空间的功能，并能给人带来温馨的效果，而将其放在厨房或卫生间则会带来管理上的不便，与空间功能要求格格不入。客厅的陈设品应雅俗共赏，这是因为客厅作为居室的公共空间，应体现出共性的特点，所以要照顾多数人的品位；书房、卧室等是相对独立的私密空间，陈设品可以根据个人爱好选择体现自己个性的物品。

（二）空间的面积大小

室内空间的面积大小各不相同，在选择陈设品时必须考虑其空间的面积大小。陈设品的大小和形状千变万化、各不相同，选择时要根据室内空间的面积大小进行选择，这样才能形成恰当的比例，达到理想效果。空间较大时，选择的陈设品则应稍大一些，给人以舒适感，否则空间会显得空旷，使人没有安全感。空间较小时，其陈设品应稍小些，这样就不会使空间变得拥挤，使人产生紧张、压抑的感觉。

（三）陈设品的摆放位置

同一室内空间，不同的位置，所选择的陈设品不同，将陈设品摆放在什么地方好需要精心构思。摆放的位置得当会产生以点带面、相得益彰的效果。陈设品的摆放与人的视点高度、水平距离有关，位置、角度的变化会使陈设品的视觉效果随之发生变化。

人的视觉高度约在150cm以上，所以绘画作品的悬挂高度应不低于150cm，否则会给人带来视觉上的不舒服。一般来讲，人的眼睛与陈设品距离应不少于70cm为宜。尺度稍大的陈设品如雕塑、陶瓷等可以摆放在低台或直接放在地面，摆放的位置以不影响生活为原则。

四、陈设品的布置形式

（一）墙面装饰

墙面装饰物的种类非常丰富，书画、浮雕、挂毯、服饰、纪念品等都可以作为墙面陈设物。在布置时，首先要考虑陈设品摆放的位置，应选择较醒目、宽敞的墙面；其次要考虑陈设品的面积和数量与墙面及邻近家具的比例关系是否合适，是否符合美学原则。

陈设品的排列方式分为对称式排列和非对称式排列两种。对称式排列的墙面布置可以取得庄严稳重的效果，但有时会显得呆板；非对称式排列的墙面布置能取得生动活泼的效果，但如果处理不好，容易显得杂乱无章。在运用时要灵活多变，举一反三。如图5-47、图5-48所示。

> 图5-47　墙面装饰（1）

> 图5-48　墙面装饰（2）

（二）地面装饰

因地面陈设品要占用一定的空间，所以地面装饰一般放置在较大的室内空间。地面装饰有组织空间、划分空间的作用，但在布置地面陈设品时应注意不影响活动空间，并注意自身的保护。家庭中常用的地面装饰有落地灯、座钟、瓷器等。如图5-49、图5-50所示。

> 图5-49　地面装饰（1）　　　　　　> 图5-50　地面装饰（2）

（三）桌面装饰

桌面装饰的平台包含广泛，如茶几、餐桌、工作台、花架、化妆台等。摆放的物品主要有茶具、植物，插花、文具、书籍、陶艺、灯饰等。桌面装饰位置较低，与人的距离较近，其陈设品摆放的位置应以不影响人的日常生活行为为原则。对于一些有实用功能的物品摆放的位置应便于使用。桌面陈设一般为水平摆放，摆设的物品不应过多、过杂，否则会出现杂乱无章的效果，桌面的陈设品应是点睛之笔。如图5-51、图5-52所示。

> 图5-51　桌面装饰（1）　　　　　　> 图5-52　桌面装饰（2）

（四）展架装饰

如果陈设品的数量比较丰富时，可采用展架陈设。它适用于汇集数量较多的书籍、古玩、瓷器、工艺品、纪念品、玩具等摆放。需要注意的是，在布置时要求陈设品摆放错落有致，从色彩、材质等方面结合美学原则合理设置，切忌杂乱无章，没有秩序层次。如图5-53、图5-54所示。

> 图5-53　展架装饰（1）　　　　　> 图5-54　展架装饰（2）

（五）悬挂装饰

为了减少竖向室内空间空旷的感觉，烘托室内气氛，可以在垂直空间悬挂不同的饰物。常见的悬挂陈设品有灯具、风铃等吊饰。需要注意的是悬挂物的高度应以不妨碍活动为原则。如图5-55、图5-56所示。

> 图5-55　悬挂在室内的风铃　　　> 图5-56　悬挂于餐桌之上的灯具

第三节　绿化设计

苏东坡曾说："宁可食无肉，不可居无竹。"随着城市化进程的加快和建筑物的增加，室外环境的质量在不断下降，人与大自然的分离现象也日趋严重。于是人们便养花种草，在居室中栽培各种植物，希望能以此在室内欣赏到大自然的景象，让生机盎然的绿意驱除工作和生活中的倦意。

居住空间绿化装饰将花卉园艺与建筑装饰艺术结合起来，集科学性与艺术性为一体。在室内建筑空间融入自然景色是人们精神方面的需要，这一方式满足了人们回归自然、返璞归真的心理需要。

在居室设计中，人们把回归自然的倾向转化为两种途径，一是尽量引入自然光、自然风，通过加强内外空间联系，将室外自然景观引入室内。二是在室内直接配置绿化，使居室设计室外化。

一、居室绿化设计的概念

居室绿化设计是居住空间设计的一部分，主要是运用艺术手法把各种植物的所有元素组合起来，以美的形式使园林植物的基本特征和形象美在室内得到充分的发挥，创造出美的室内环境。完美的居室植物景观设计必须具备科学性和艺术性高度统一的条件，既要满足植物与环境在生态适应性上的统一，又要通过艺术构图原理，体现出植物个体或群体的形式美和人们在欣赏时所产生的意境美，同时还要考虑文化性、实用性。如图5-57、图5-58所示。

> 图5-57　居室绿化

> 图5-58　餐饮环境绿化

二、绿化在居室中的作用

绿化作为居住空间设计的要素之一，在组织、装饰、美化居室上起着重要作用。

（一）净化空气，吸收有害气体，调节室内小气候

居室用的植物被人们誉为家庭环境的卫士，主要是因为植物叶面有无数的气孔，可以吸收空气中的二氧化硫、氟、氯等有害气体，通过新陈代谢释放出氧气，起到净化空气的作用。另外在植物的叶片上有成千上万的纤毛，能截留住空气中的飘尘微粒，清洁室内空气。研究表明，配置较好的居室绿化，可减少20%～60%的尘埃。一盆鸭趾草6小时可吸收地板、家具释放出的一半甲醛。在24小时照明的条件下，芦荟可消灭$1m^3$空气中所含90%的甲醛。月季、蔷薇、万年青能有效清除三氯乙烯、硫化氢、苯、苯酚、氟化氢和乙醚。

居室环境是人类生活环境中的一个局部，故常把其中的气候条件称为小气候。湿度是室内小气候的重要条件，用绿化调节室内湿度很有效。植物通过蒸腾作用及栽培基质的水分蒸发，能够向空气中释放出水汽，从而加大室内的湿度。如绿巨人等大型的观叶类植物，蒸腾作用强，可调节室内的空气湿度，增加空气中的负离子含量。

此外室内绿化还能够吸音，并能遮挡阳光，吸收辐射，起到隔热等作用。在夏季绿色植物可以遮阳隔热；在冬季绿色植物通过新陈代谢的作用，可使室内形成富氧空间，在人与植物之间保持氧气与二氧化碳的良性循环。另外有些植物散发出的气味有助于人体的健康，还有些室内植物具有提供新鲜食用蔬菜、水果和花卉的功能。

（二）放松身心，维持心理健康

人的大部分时间是在住宅中度过的，室内环境封闭而单调会使人们失去与大自然的亲近关系。人性本能地对大自然有着强烈的向往，人的性格也与某些植物特性相联系，于是便有兰花的清丽、荷花的高洁、梅花的傲骨、竹子的气节、松柏的坚韧等说法。人们可以通过室内绿化来实现对自然的渴望，因为植物是大自然的产物，最能代表大自然。在居室的绿化设计中，把大自然的花草引入室内，使人仿佛置身于大自然之中，从而达到放松身心、维持心理健康的作用。

（三）美化室内环境

美化作用主要有两个方面：一是植物本身的美，包括它的色彩、形态和芳香；二是通过植物与室内环境恰当地组合、有机地配置，从色彩、形态、质地等方面产生鲜明的对比，从而形成美的环境。

墙面、地面大多是植物的背景，在背景衬托下，红花绿叶更加鲜艳。植物的形态全是自然的，形状各异，高低不同，疏密相间，与室内家具的几何形体形成鲜明的对比，使光滑而呆板的家具平添几分生活情趣，使居室充满着动感和生机。花草树木质地粗糙，凹凸变化明显，与光洁细腻的材料搭配，能使环境更加丰富，更有层次。绿色植物的形、色、质、味，还有其枝干、花叶、果实等总以一种蓬勃向上、充满生机的姿态，给人以热爱自然、热爱生

活、奋发向上的勇气和力量据统计，人在绿色的环境中工作，其工作效率可提高20%左右。

（四）柔化空间、限定和分隔空间、引导空间

室内绿化的连续和延伸，特别是在空间的转折、过渡、改变方向之处，既能有意识地强化其突出、醒目的效果，又能通过视线的吸引，起到暗示和引导空间的作用。另外，五彩缤纷、柔软飘逸、生机勃勃的树木花卉，可以与冷漠、僵硬、刻板的建筑几何形体形成鲜明的对照，使生硬的建筑空间体现出柔美的生活感。

1.柔化空间

现代建筑空间大多数是由直线形和板块形构件所组成的几何体，感觉生硬冷漠，特别是有很多角落比较难处理。利用植物特有的曲线、多姿的形态、柔软的质感、悦目的色彩和生动的影子，可产生柔和的情调，从而改善大空间空旷、生硬的感觉，使人有尺度宜人和亲切之感。

2.限定和分隔空间

居室由不同功能的空间组成，采用绿化手法可限定和分隔空间，而且能够使各部分既保持各自的功能作用，又不失整体空间的开敞性和完整性。其手法可以选用形象形态较为一致的盆花连续排列，组成带式、折线式等，起到区分室内不同功能、限定和分隔空间的作用。

3.引导空间

由于室内绿化具有观赏的特性，能强烈吸引人们的注意力，因而能够含蓄巧妙地起到提示和指示的作用。在入口、楼梯及主要的活动区域两侧，可以栽培大型绿色植物，利用植物作为标志有效地进行空间的提示和指向。

三、室内绿化运用的基本原则

（一）根据空间的面积和形状布置

不同的室内绿化的姿态、色彩、大小各不相同，在进行布置时应根据空间和家具的形态、大小来选择。

室内空间面积较大时，应选择体积较大的植物绿化，如比较高大的盆栽植物或巨型盆景，这样才能给人一种舒适感，否则会使人感到空旷，产生荒凉感、甚至不安全感。

当室内空间狭小时，就不宜选择高大、占地面积较大的植物绿化，也不宜布置过多的悬垂植物绿化，避免产生拥挤压抑的感觉。宜选用较小的盆栽植物或普通盆景。

布置室内绿化时还应考虑与空间形状、家具大小及摆设的关系。室内绿化应放在"最佳视点"。如餐桌和沙发是人们用餐和经常休息的地方，盆花安放时应考虑这些位置的最佳视点。此外，还应讲究悬吊绿化的悬吊长度和位置。

（二）根据空间的基本风格布置

进行绿化设计时，应首先考虑室内的气氛、主题等要求。通过室内绿化设计充分发挥室

内空间的风格，增强艺术感染力。如田式风格的室内空间，绿化设计要讲究平衡对称，选择绿化的色彩时要根据其空间的整体色彩设计，在统一中求变化。

（三）根据空间的功能布置

室内空间的功能是设计中最重要的因素，没有功能的室内空间就没有存在的必要。另外，不同的功能空间中绿化植物的选择和布置也不同。

（四）根据植物的生长习性布置

不同的植物对阳光的需要程度不同，可分为阳性植物、半阴性植物和阴性植物。阳性植物需要充足的阳光，如阳光不足，会造成枝叶生长缓慢，叶色变淡变黄，难以开花或开花难看；半阴性植物需要弱光或散射光：阴性植物不喜欢阳光，也能耐阴。在室内布置时，应将阳性植物安放在阳光能直接照射的地方，如阳台、阳面屋子；阴性植物安放在阴凉处，如大厅的角落。此外，不同的植物所适宜的温度、湿度不同，布置时应予以考虑。

（五）根据使用者的喜好

不同的室内空间对应的使用者会不同，不同的使用者在文化修养、生活习惯等方面也不同，在进行室内绿化布置时应考虑此因素。

四、居室绿化设计的布局形式

居室绿化设计的布局可按点、线、面三种方式进行。

（一）点状绿化

点状绿化就是独立或成组集中布置，往往布置于室内空间的重要位置，成为视觉的焦点，所用植物的体量、姿态和色彩等要有较为突出的观赏价值。

点状绿化的原则是突出重点，切忌在周围堆砌与其高低、形态、色彩相近的器物。点状绿化的植物可放在地上，也可放在桌上、案上和柜上，还可以吊在空中。点状绿化可分为孤植式、对植式、群植式、攀援式、下垂式、悬吊式和镶嵌式。

孤植式是指单株种植配置，适宜于室内近距离观赏。其姿态、色彩要求优美、鲜明，能给人以深刻的印象，多用于视觉中心或空间转变处。应注意其与背景的色彩与质感的关系，并有充足的光线来体现和烘托。

对植式常放在通道入口，楼梯或自动扶梯两侧。由于轴线突出，具有一定的庄重感。对植式通常都是对称的，如果不对称，也要保持基本均等的态势。

群植式是同种花木组合群植。它可充分突出某些花木的自然特性，突出园景的特点，如竹丛；另一种是多种花木混合群植，意在表现差异性。其配置要求疏密相间，错落有致，丰富景色层次，增加园林式的自然美。一般是姿美、颜色鲜艳的小株在前，型大浓绿的在后。

另有攀援式、下垂式、悬吊式，可布置在门窗边沿、柱子的四周、走廊、框架之上，自然形态与人工形态形成动静之美，起到美化空间的作用。

（二）线状绿化

直接植于地面的绿篱，连续摆放的盆栽，串联起来垂吊于窗外的观花及观叶类植物，或直或曲的花槽等都属线状绿化。

线状绿化作用在于分隔空间或强调空间的方向性。配置时要顾及空间组织和形式构图的要求，并以此作为依据，决定绿化的高低、长短和曲直。

线状绿化通常选用观叶类植物，因为其易于管理，四季常青，且植物形态不占用太大空间。观花类植物也可作为选择，但因花期的限制，最好根据不同季节、不断变换花的品种。线状绿化在客厅、窗台、阳台中使用率较高。

（三）面状绿化

面状绿化是指体积不大的盆栽密集地聚在一起，形成一定面积或区域的绿化装饰。强调量大，大多属于室内空间的背景绿化，起陪衬和烘托作用。它强调的是整体效果，所以在体、形、色等方面应考虑其总体艺术效果。面状绿化宜选用花卉类植物，因花卉类植物体型不高，有花团锦簇之感。客厅常采用面状绿化。

（四）填充绿化

居室内有许多角落，如沙发、座椅的背后、摆放家具剩余的空间、墙角及楼梯边等，这些地方可用相应的植物来填充，这样不仅能使空间更充实，还能打破生硬感。乔木或灌木可以其柔软的枝叶覆盖室内的剩余空间；蔓藤植物，可以让其修长的枝叶吊垂在墙面、框、橱、书架上；大片的宽叶植物，在墙角、沙发一隅放置，会使室内空间充满活力。

五、居室主要区间的绿化运用

现代化的生活使人们更加意识到居室绿化的重要性。根据不同的居室装饰特点，房屋面积的大小，各居室光、热、湿的不同，家庭绿化设计应有科学的规划和指导。

（一）客厅

客厅是接待宾客来访及家人聚集活动的地方，设置的植物要显示出端庄大方、优雅舒适的特点。对于空间较大的客厅，在入口醒目处摆设形体较大而庄重的插花或盆景，如锦松、罗汉松等，在起到迎宾作用的同时，还具有一定的导向性。客厅中央可放置一两盆较为高大的南洋杉、苏铁等来分割空间；在窗边、沙发边、墙角、柜旁的地面上摆放一些大型花卉，如龟背竹、橡皮树、棕竹、鹅掌柴等，填补空间中转角部位的空旷，同时能产生庄重、大气感觉。

在茶几、桌面上可摆放插花或盆栽花卉，但位置不应放在客人与主人之间，以免影响主客之间视线的交流，防止产生不便和分隔之感。

此外植物的色调、质感也要和客厅的色彩合理搭配。如果室内空间环境的色彩浓重、明度较低，则植物色调应浅淡些，如广东万年青，叶面绿白相间，非常柔和；如果环境色彩淡雅，植物的选择性相对要广泛些，叶色深绿、叶型硕大的植物和小巧玲珑、色调柔和的植物都可以选用。

（二）餐厅

用餐是每个家庭生活中必不可少的活动。餐厅要求卫生、安静、舒适，而餐室的绿化应充分考虑节约面积，有助于增进食欲、融洽感情的需要。

选择的植物要求清洁无病斑，种类较丰富。餐桌上以摆放观叶植物为佳，易落叶的如羊齿类应尽量少用；花粉多的也应谨慎使用，避免影响进食；香味过浓也不宜。

在餐柜顶上放置一些垂吊花卉是最常见的装饰手法，如吊兰、椒草类、合果芋类植物等。由于红色、黄色等暖色调有开胃、引起食欲的效果，所以将开红、黄的暖色花朵的植物放在餐台上，如百子莲、仙客来、郁金香、杜鹃等，会增添意想不到的情趣。还可制作一些插花，布置在餐台中央。在餐厅角落可摆放凤梨类、棕榈类等叶片亮绿的观叶植物或色彩缤纷的中型观花植物。

（三）书房

书房是读书、写作的地方，应营造宁静的氛围，宜选用文竹、吊兰、龟背竹和各类小型盆景。为了与主题吻合，书房的家具可选用原木制作。为了打破单调的氛围，缓解疲劳，选择颜色较鲜艳的仙客来放在书桌上，并在旁边的书柜上摆放几小盆棕竹比较适宜，因为这使得绿化层次分明、形式多样，便于人们在案牍劳神之暇进行欣赏。

（四）厨房

厨房陈设植物应保证叶面清洁，无病虫害，不能使用不洁栽培基质，以防滋生细菌。宜选用抗油烟污染能力强、耐水湿的植物，如万年青、芦荟、吊兰、仙人掌等，并以小型盆栽为主，避免碰倒。

（五）卧室

卧室是休息和睡眠的地方，应创造宁静、温馨、休闲和舒适的气氛。绿化植物以观叶植物为主，观花植物为辅。较为宽敞的卧室可使用站立式的大型盆栽，小些的卧室可选择吊挂式的盆栽。

不可选香味浓郁、色彩艳丽和枝叶过于高大的植物，否则会刺激大脑皮层，使人兴奋影响睡眠。植物绿化不宜过多，因为植物绿叶夜间吸收氧气呼出二氧化碳，容易导致室内缺氧，所以应放置芦荟、虎尾兰和仙人掌等夜间放氧类植物。

（六）卫生间

卫生间的环境特点是光线暗、空气湿度大、有异味，所以应选择耐阴、耐湿、耐热的植物。叶面要求无刺无毛，如肾蕨、铁线蕨等蕨类植物最为合适。

可在窗台、储水箱上摆放小盆花卉来形成点状绿化，或在排水、进水管上吊挂垂吊花卉，如吊兰、吊竹梅等形成线状绿化。另外，考虑到卫生间有异味，可选择芳香味植物。

（七）阳台和窗台绿化

阳台绿化是居家绿化的重要内容。常用绳索、竹竿、木条或金属线材构成一定形式的网架、支架，选用缠绕或卷须型植物攀附形成绿屏或绿棚；可放置观叶、观花、观果等各种喜光植物，如月季、石榴、一串红等；还可充分利用空间，立体配置绿色植物，如各种藤类。

窗台也是布置绿化的好场所，在窗台上悬吊绿化植物，可以柔化单调僵硬的建筑线条，使其显示出生机和活力。在窗台上设置种植槽，槽内种植色彩鲜艳的四季花草和小型灌木，效果更为理想。

六、绿饰配置的注意事项

一些花草香味过于浓烈，会让人难受，甚至产生不良反应。如松柏类花木的芳香气味对人体的肠胃有刺激作用，不仅影响食欲，而且会使孕妇感到头晕目眩、恶心呕吐、心烦意乱；百合花所散发出来的香味如闻之过久，会使人的中枢神经过度兴奋而引起失眠。一些花卉会让人产生过敏反应，天竺葵散发的微粒，如果与人接触，会使人的皮肤过敏；人碰触抚摸紫荆花，往往会引起皮肤过敏，甚至出现红疹，奇痒难忍。有的观赏花草带有毒性，摆放应注意，如郁金香和含羞草，它的花朵含有一种毒碱，接触过久，会加快毛发脱落；绿萝的汁液有毒，碰到皮肤会引起红痒，误食也会造成喉咙疼痛。

课题训练

1.家具与软装饰在居住空间中有什么作用？

2.如何进行居住空间的软装饰设计？

3.居室设计中绿化的设计原则是什么？

居住空间设计
Residential space design

Chapter 6

第六章 完整图纸 设计

第一节 实际设计案例

项目名称：别墅室内设计

项目地点：辽宁省沈阳市

设计面积：总面积528.8m²，其中一层面积80.3m²，二层面积105.6m²，三层面积84.9，地下一层面积161m²，地下二层面积97m²。

一、平面图纸

（一）原始平面图

原始平面图如图6-1～图6-5所示。

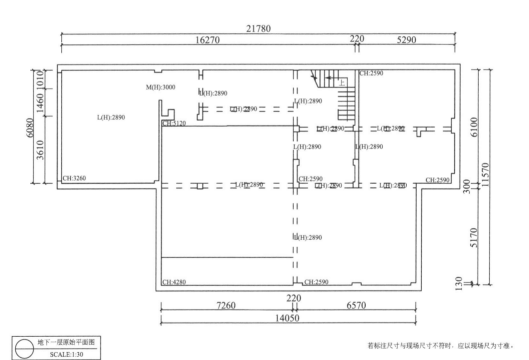

> 图6-1　地下一层原始平面图

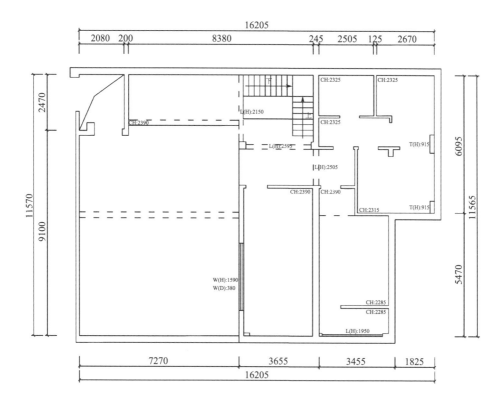

地下二层原始平面图
SCALE:1:30

> 图6-2　地下二层原始平面图

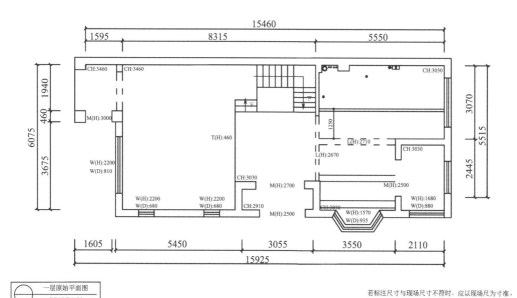

一层原始平面图
SCALE:1:30

> 图6-3　一层原始平面图

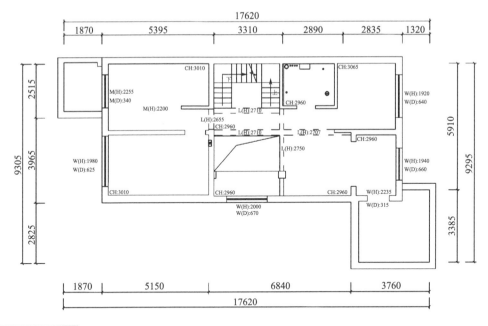

> 图6-4 二层原始平面图

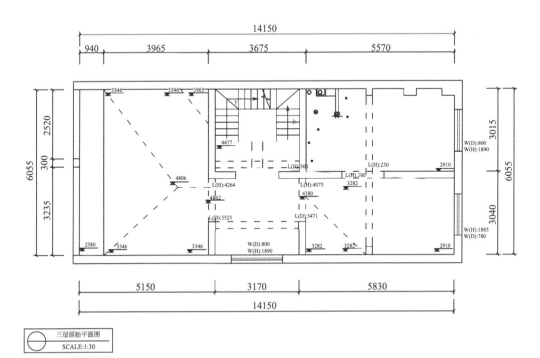

> 图6-5 三层原始平面图

（二）平面家具布置、地面材质图

平面布置如图6-6～图6-10所示。

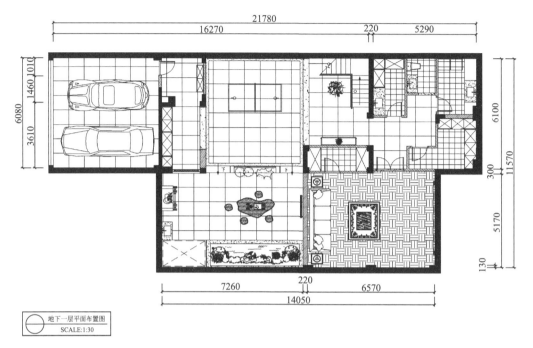

> 图6-6　地下一层平面布置图

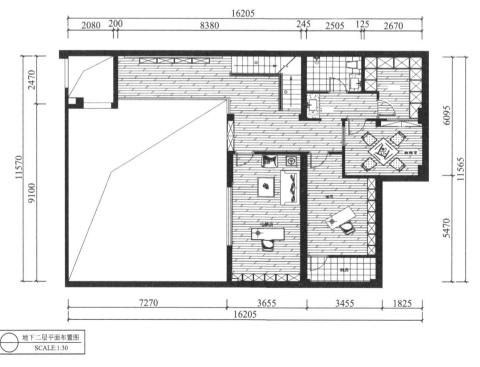

> 图6-7　地下二层平面布置图

> 图6-8 一层平面布置图

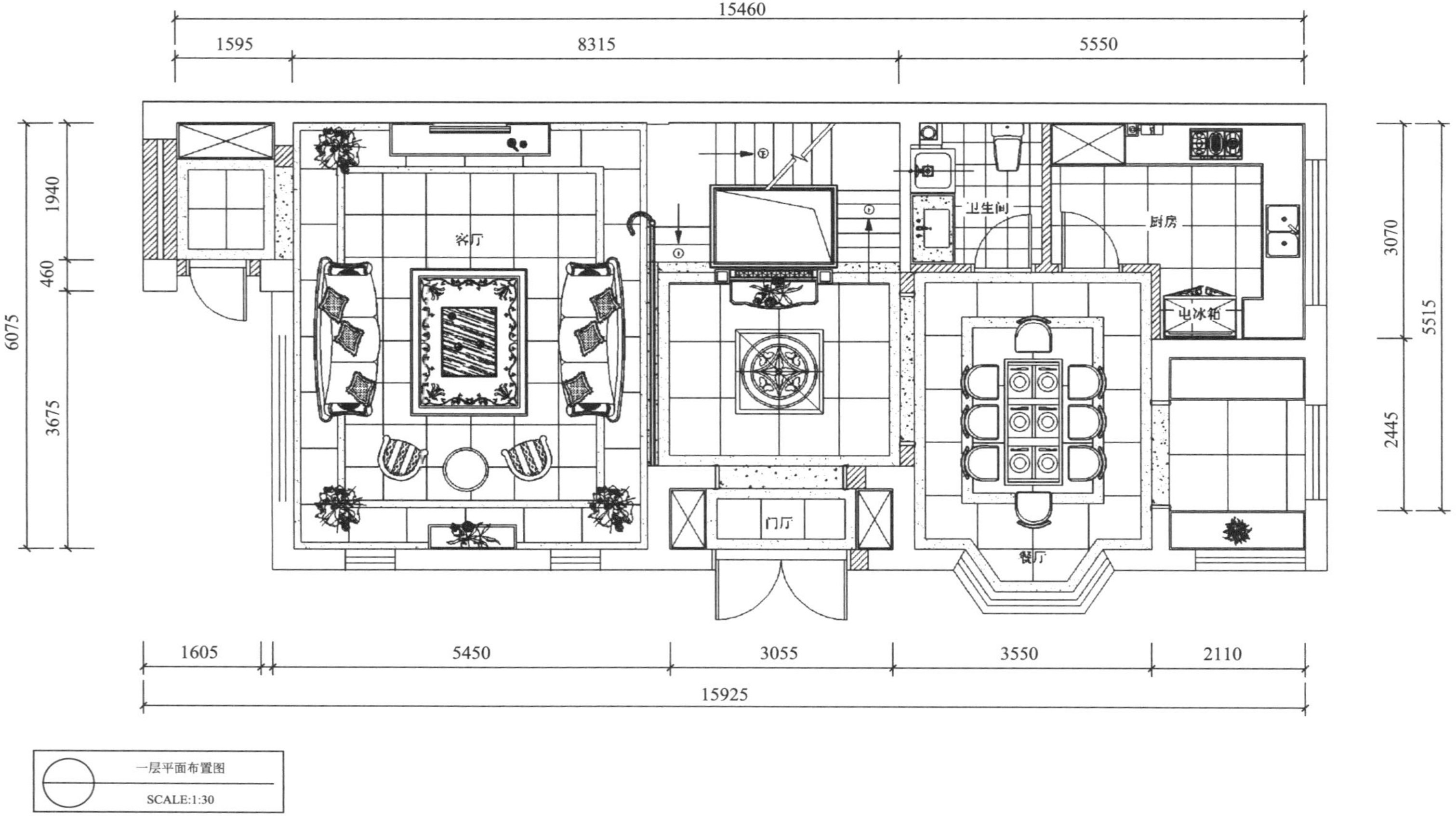

一层平面布置图
SCALE:1:30

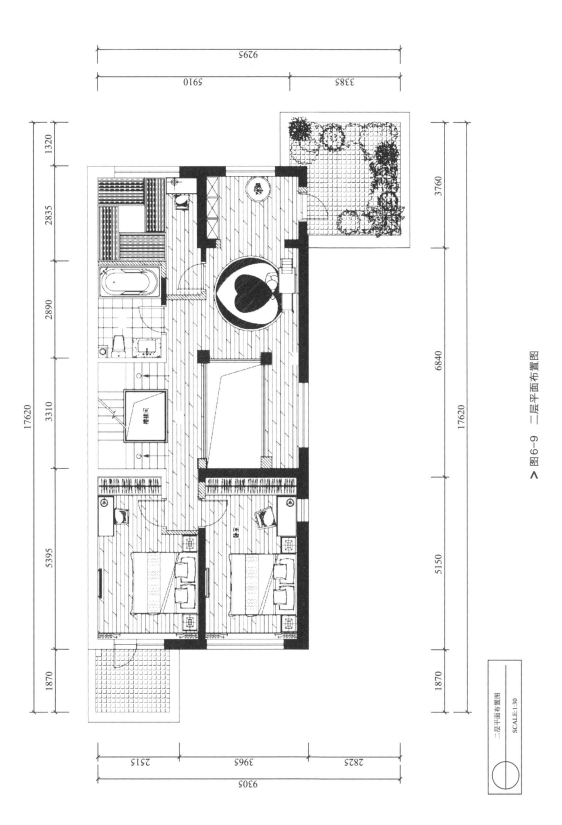

> 图6-9　二层平面布置图

二层平面布置图
SCALE:1:30

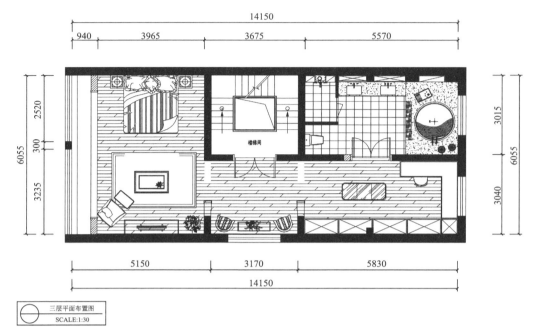

> 图6-10　三层平面布置图

（三）天花灯具布置图

天花图如图6-11～图6-15所示。

> 图6-11　地下一层天花图

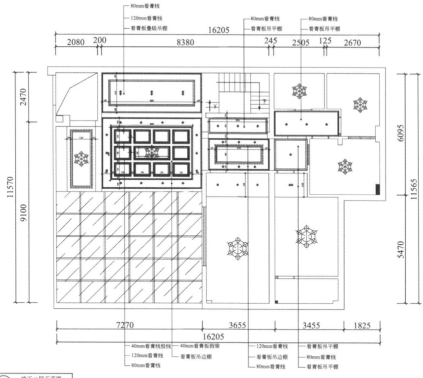

> 图6-12　地下二层天花图

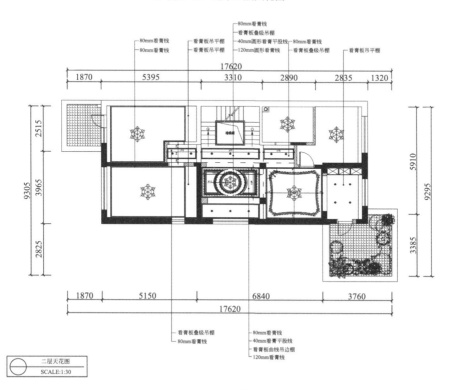

> 图6-13　一层天花图

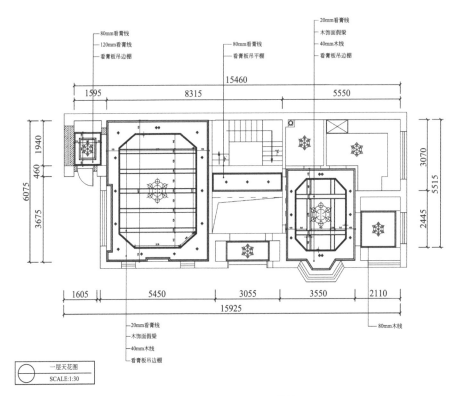

> 图6-14　二层天花图

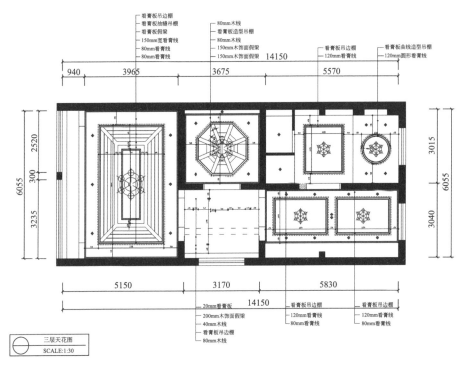

> 图6-15　三层天花图

（四）电器设备布置图

1. 电路图

电路图如图6-16～图6-20所示。

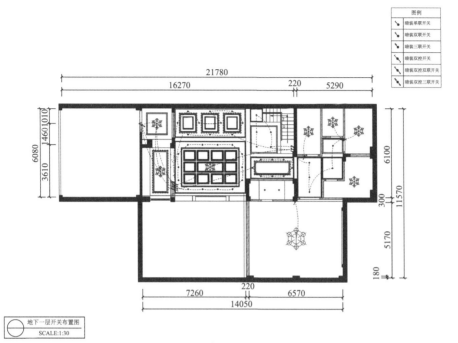

> 图6-16　地下一层开关设置图

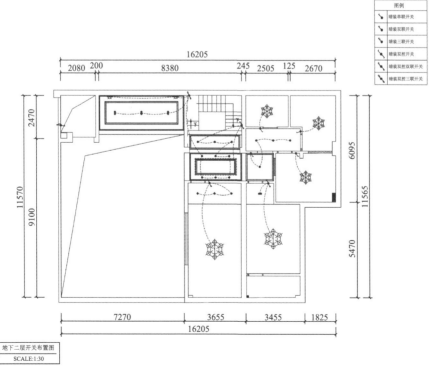

> 图6-17　地下二层开关设置图

> 图6-18 一层开关设置图

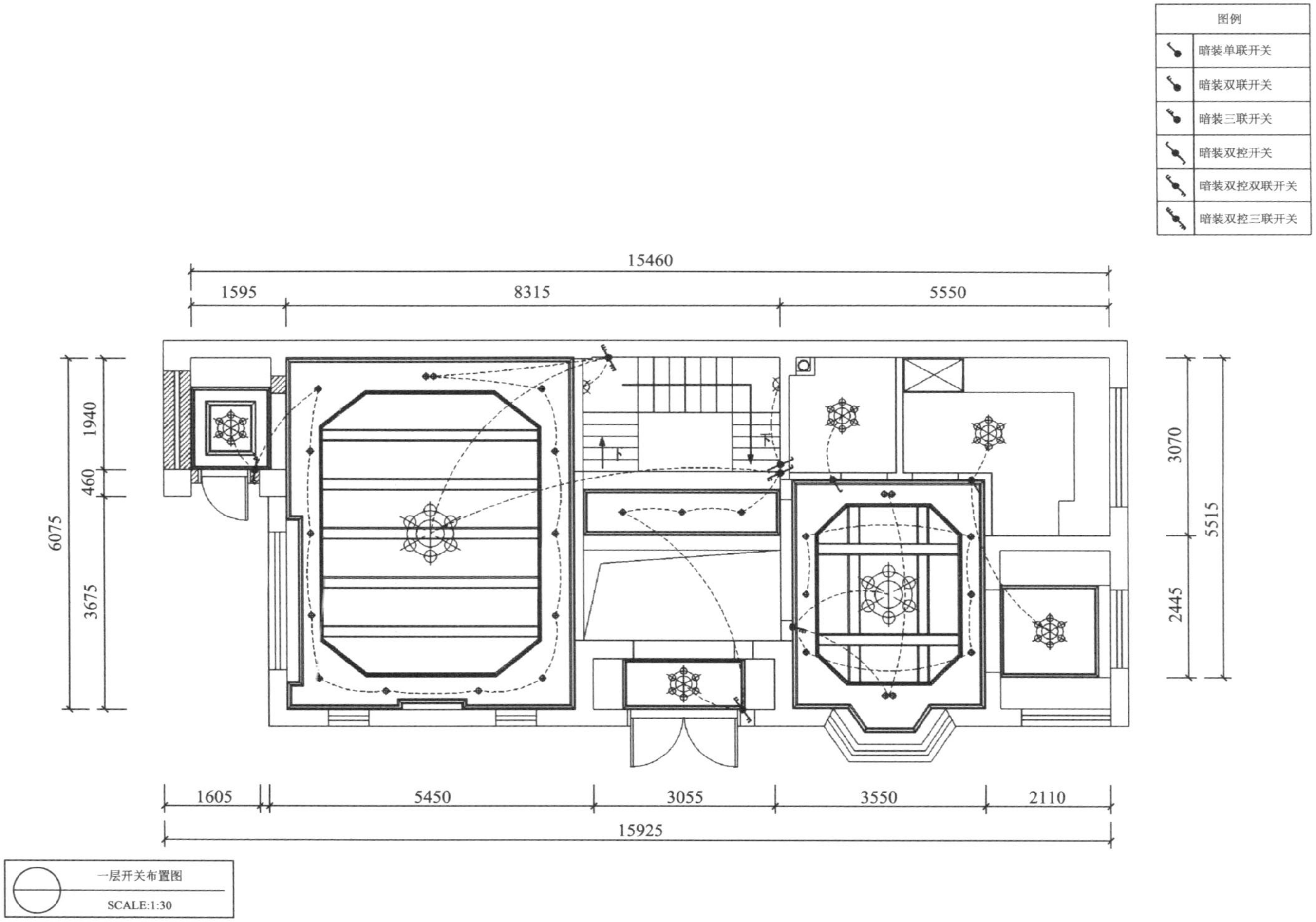

图例	
✎	暗装单联开关
✎	暗装双联开关
✎	暗装三联开关
✎	暗装双控开关
✎	暗装双控双联开关
✎	暗装双控三联开关

一层开关布置图
SCALE:1:30

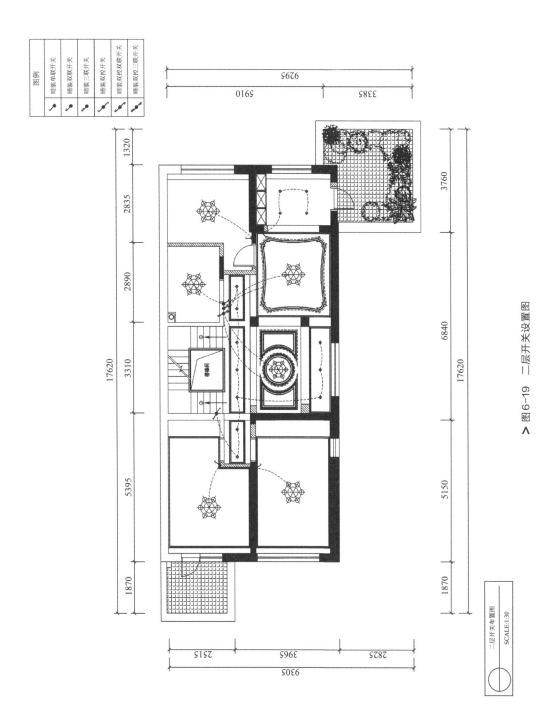

图例

图例	
暗装单联开关	⬩
暗装双联开关	⬩
暗装三联开关	⬩
暗装双控开关	⬩
暗装双控双联开关	⬩
暗装双控三联开关	⬩

> 图6-19 二层开关设置图

二层开关布置图
SCALE:1:30

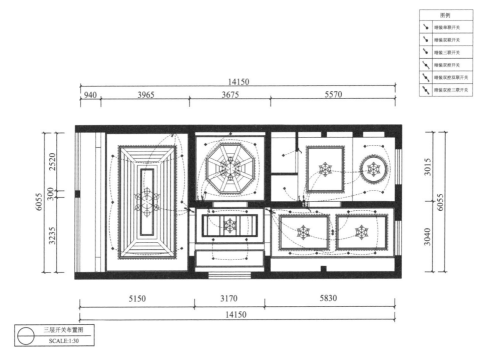

图例
✎	暗装单联开关
✎	暗装双联开关
✎	暗装三联开关
✎	暗装双控双联开关
✎	暗装双控双联开关
✎	暗装双控三联开关

三层开关布置图
SCALE:1:30

> 图6-20　三层开关设置图

2. 弱电图

弱电图如图6-21～图6-25所示。

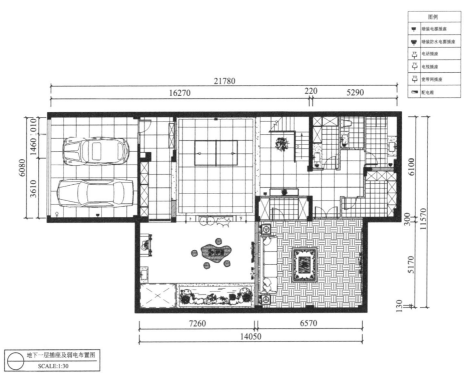

图例
▼	暗装电源插座
▼	暗装防水电源插座
⊥	电话插座
⊥	电视插座
⊥	宽带网插座
▭	配电箱

地下一层插座及弱电布置图
SCALE:1:30

> 图6-21　地下一层插座及弱电布置图

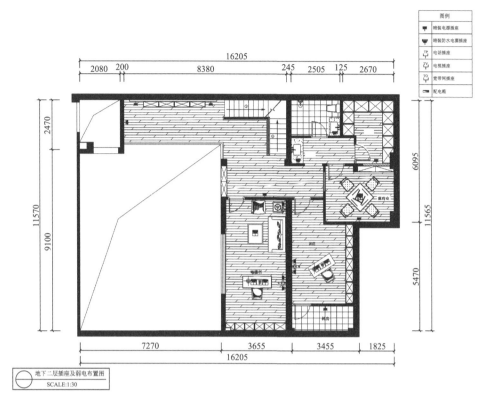

> 图6-22　地下二层插座及弱电布置图

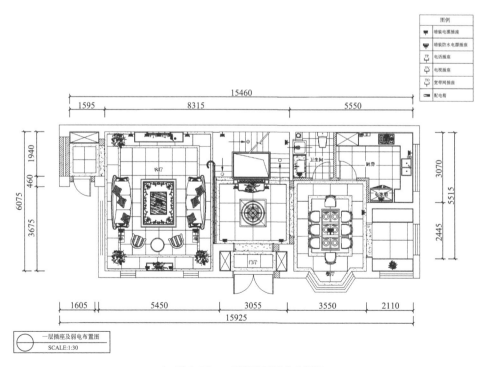

> 图6-23　一层插座及弱电布置图

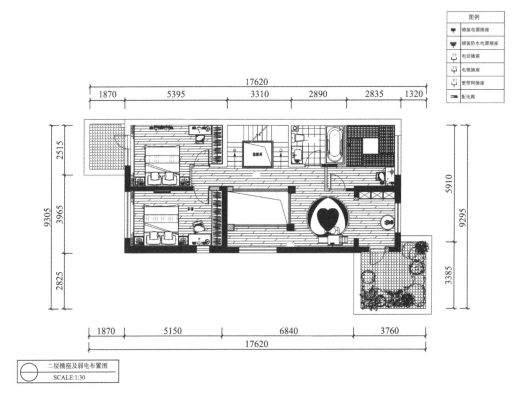

> 图6-24 二层插座及弱电布置图

> 图6-25 三层插座及弱电布置图

（五）水位布置图

水位布置图如图6-26～图6-30所示。

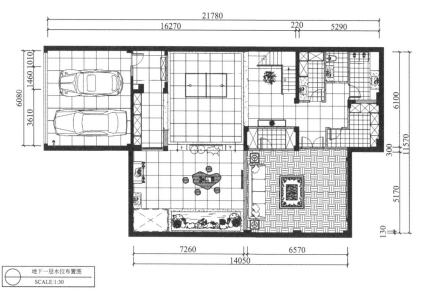

> 图6-26　地下一层水位布置图

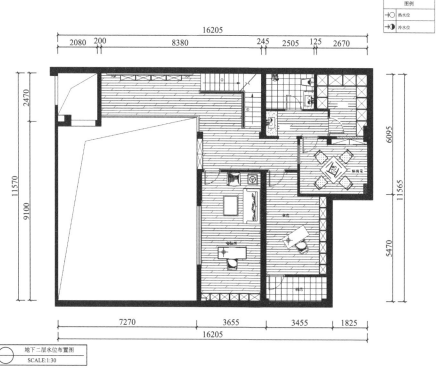

> 图6-27　地下二层水位布置图

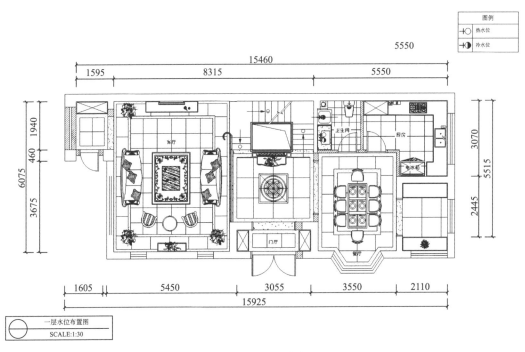

> 图6-28 一层水位布置图

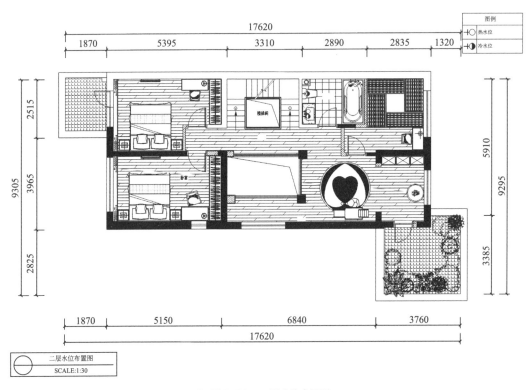

> 图6-29 二层水位布置图

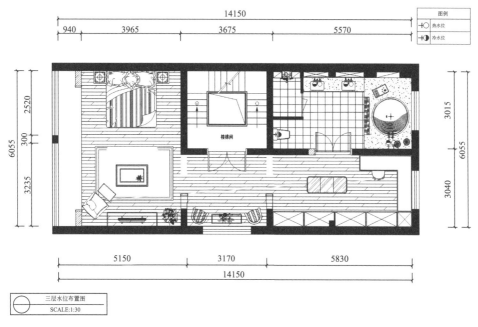

> 图6-30 三层水位布置图

二、立面图部分

（一）地下一层局部立面图

地下一层局部立面图如图6-31、图6-32所示。

> 图6-31 地下一层立面图（1）

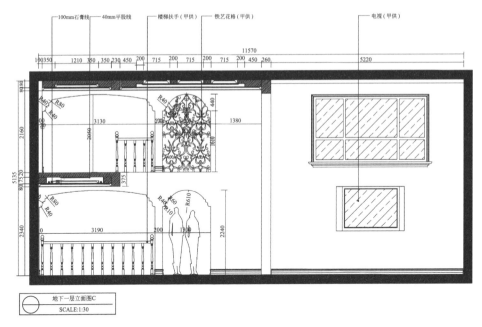

> 图6-32 地下一层立面图（2）

（二）一层局部立面图

一层局部立面图如图6-33～图6-38所示。

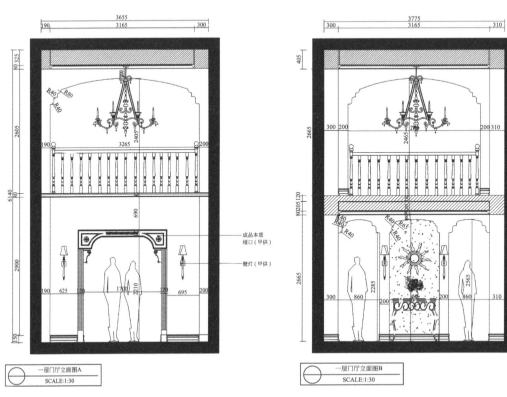

> 图6-33 一层门厅立面图A

> 图6-34 一层门厅立面图B

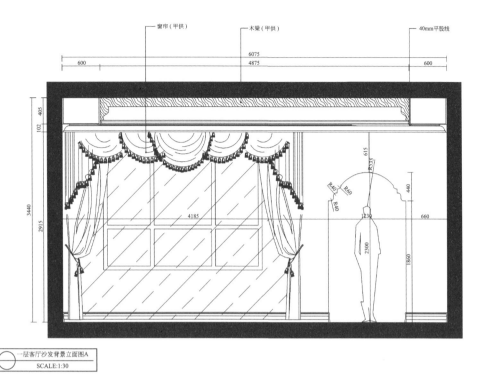

窗帘（甲供） 木梁（甲供） 40mm平股线

一层客厅沙发背景立面图A
SCALE:1:30

> 图6-35 一层客厅沙发背景立面图A

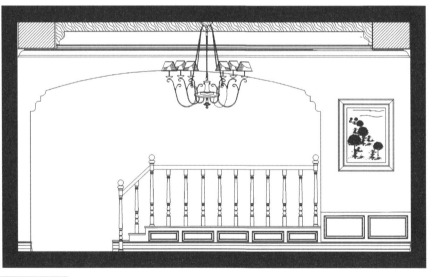

一层客厅立面图B
SCALE:1:30

> 图6-36 一层客厅沙发背景立面图B

一层客厅沙发背景立面图
SCALE:1:30

> 图6-37　一层客厅沙发背景立面图

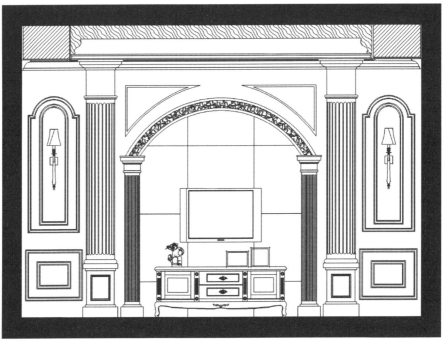

一层客厅电视背景立面图
SCALE:1:30

> 图6-38　一层客厅电视背景立面图

（三）二层局部立面图

二层局部立面图如图6-39、图6-40所示。

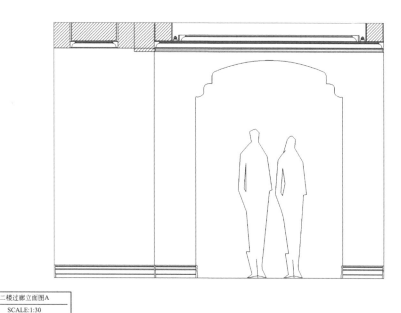

> 图6-39　二楼过廊立面图A

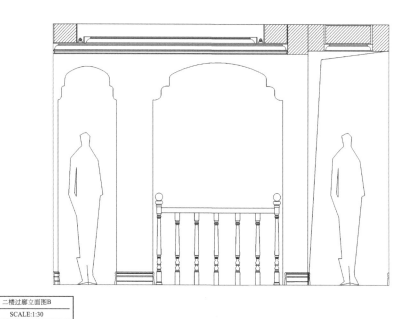

> 图6-40　二楼过廊立面图B

（四）三层局部立面图

三层局部立面图如图6-41 ～图6-46所示。

三层主卧室床头背景立面图
SCALE:1:30

> 图6-41　三层主卧室床头背景立面图

三层主卧室立面图B
SCALE:1:30

> 图6-42　三层主卧室立面图（1）

三层主卧室立面图C
SCALE:1:30

> 图6-43　三层主卧室立面图（2）

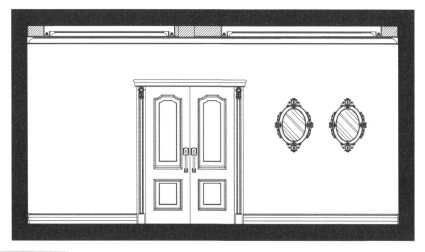

三楼书房立面图A
SCALE:1:30

> 图6-44　三楼书房立面图A

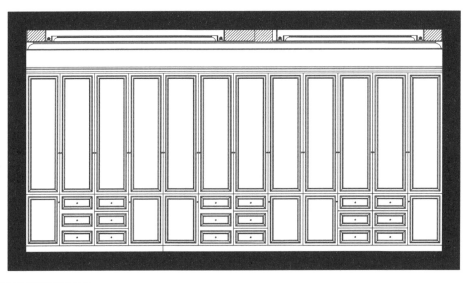

> 图6-45　三楼书房立面图B

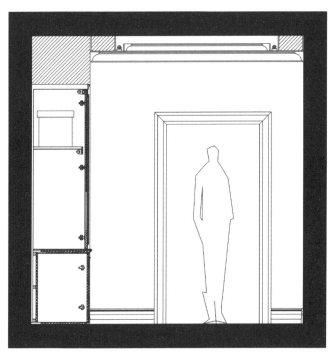

> 图6-46　三楼书房立面图C

> 图6-47　走廊（1）

三、效果表现类图纸

（一）过渡空间

过渡空间效果如图6-47 ～图6-50所示。

> 图6-48　走廊（2）

> 图6-49　三层楼梯间（1）

> 图6-50　三层楼梯间（2）

（二）书房

书房效果如图6-51、图6-52所示。

（三）门厅

门厅效果如图6-53、图6-54所示。

（四）餐厅

餐厅效果如图6-55、图6-56所示。

> 图6-52　书房（2）

> 图6-51　书房（1）

> 图6-53　一楼门厅（1）

> 图6-54　一楼门厅（2）

> 图6-55　餐厅（1）

> 图6-56　餐厅（2）

（五）客厅

客厅效果如图6-57、图6-58所示。

（六）主卧室

主卧室效果如图6-59、图6-60所示。

> 图6-57　客厅（1）

> 图6-59　主卧室（1）

> 图6-58　客厅（2）

> 图6-60　主卧室（2）

第二节　设计案例赏析

一、实战案例

项目一：沈阳棋盘山碧桂园别墅（图6-61～图6-86）

项目面积：530m^2

项目设计人：刘威（阔景装饰有限公司 总经理）

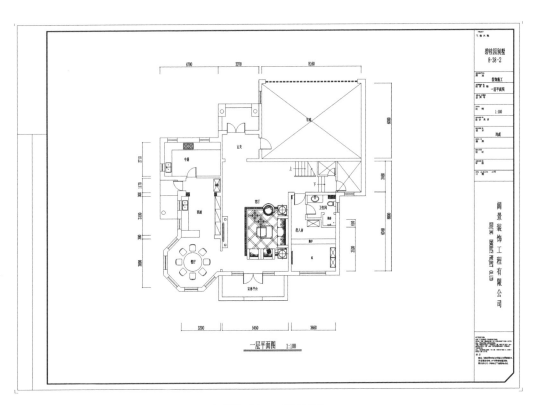

> 图6-61　一层平面图

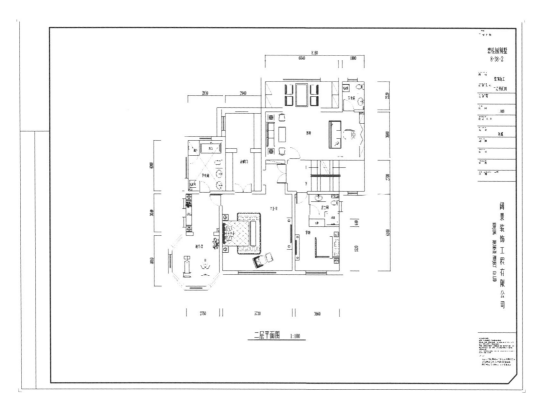

> 图6-62　二层平面图

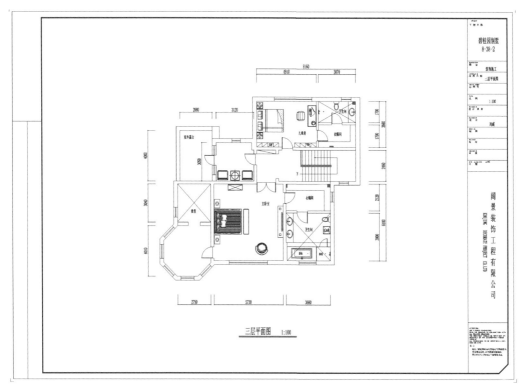

> 图6-63　三层平面图

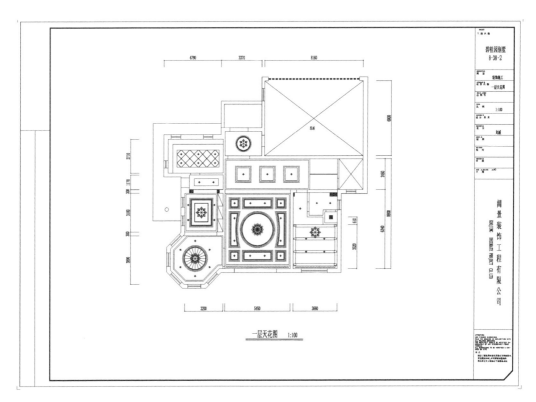

> 图6-64　一层天花图

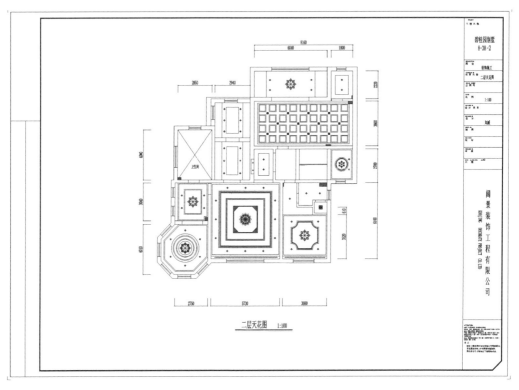

> 图6-65　二层天花图

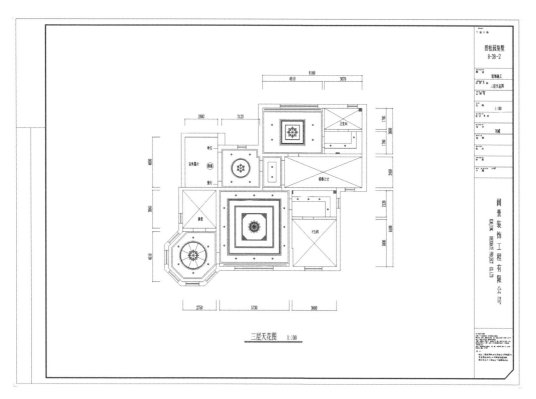

> 图6-66　三层天花图

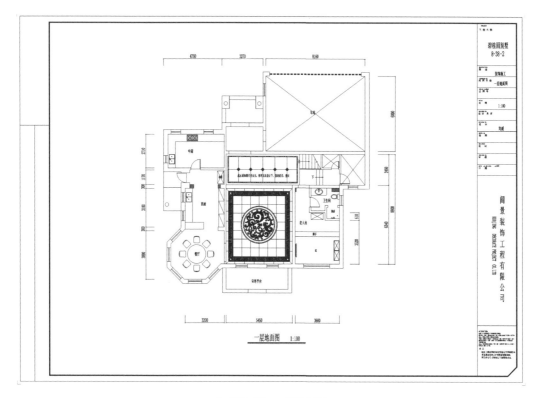

> 图6-67　一层地面图

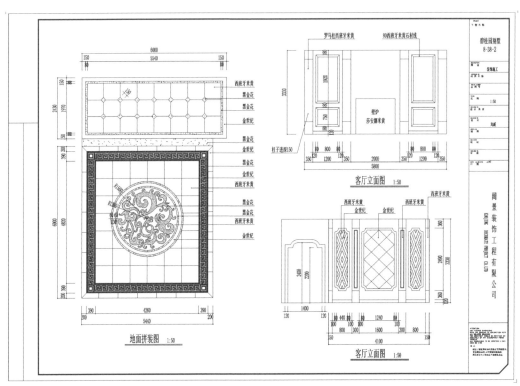

> 图6-68　局部详图

> 图6-69　别墅建筑外观原状况

> 图6-70　别墅建筑外观设计

> 图6-73　客厅表现图（1）

图6-71　别墅建筑外观及庭院设计

> 图6-72　别墅庭院设计－长廊

> 图6-74　客厅表现图（2）

> 图6-75　客厅表现图（3）

> 图6-76　西式厨房表现图

> 图6-77　餐厅表现图

> 图6-78　楼梯区表现图

> 图6-79 二楼主卧表现图

> 图6-80 二楼主卧表现图

> 图6-81 二楼主卧卫生间表现图

> 图6-82 二楼主卧健身房表现图

> 图6-83 老人房表现图

> 图6-84 书房表现图

> 图6-85 客卧表现图

> 图6-86 三楼主卧设计

二、学生作品

部分优秀学生作品如图6-87～图6-89所示。

> 图6-87 学生作品/齐丹丹

> 图6-88 学生作品/邵晓妍

> 图6-89　学生作品/姜莉

课题训练

1.在限定空间里，进行居住空间的平面规划。

2.根据所规划的平面进行主要立面图、效果图的表现。

参考文献

[1] 赵一，吕从娜，丁鹏，唐丽娜编著.居住空间室内设计——项目与实战.北京：清华大学出版社，2013.

[2] 王新福编著.居住空间设计.重庆：西南大学出版社，2011.

[3] 谭长亮，孙戈著.居住空间设计.上海：上海美术人民出版社，2012.

[4] 陆立颖，张晓川，王斌，王增编著.建筑装饰材料与施工工艺.上海：东方出版中心，2008.

[5] 高光，廉久伟编著.居住空间设计.沈阳：辽宁美术出版社，2008.

[6] 王大海编著.居住空间设计.北京：中国电力出版社，2009.

[7] 孙卉林，宋秀英编著.居住空间室内设计.北京：中国水利水电出版社，2012.

[8] 范业闻编著.新编现代居室设计与装饰技巧.上海：同济大学出版社，2008.

[9] 陈凯，孙洪涛编著.室内设计·居室空间.杭州：浙江人民美术出版社，2010.

[10] 陈红卫著.陈红卫手绘.福州：福建科学技术出版社，2007.

[11] 陈华新，李劲男编著.建筑室内设计.北京：中国电力出版社.2008.

[12] 程宏，赵杰编著.室内设计原理.北京：中国电力出版社.2008.

[13] 邱晓葵编著.居住空间设计营造.北京：中国电力出版社.2010.

[14] 大海编著.居住空间设计.北京：中国电力出版社.2009.

[15] 高钰，孙耀龙，李新天著.居住空间室内设计速查手册.北京：机械工业出版社.2009.